U0176781

贾敬敦

米 磊 编著

于 磊

硬科技

中国科技自立自强的战略支撑

人民邮电出版社

北 京

图书在版编目（CIP）数据

硬科技：中国科技自立自强的战略支撑 / 贾敬敦，米磊，于磊编著. -- 北京：人民邮电出版社，2021.6（2024.2重印）
ISBN 978-7-115-55891-6

Ⅰ. ①硬… Ⅱ. ①贾… ②米… ③于… Ⅲ. ①科技发展—研究—中国 Ⅳ. ①N12

中国版本图书馆CIP数据核字(2021)第079079号

内 容 提 要

本书是在科技部科技创新战略研究专项的支持下集体研究形成的理论成果，也是在推动硬科技发展的过程中形成的实践成果。本书立足于科技自立自强的国家发展战略需求，深入介绍了发展硬科技的时代背景和重大意义，系统地定义了"硬科技"的概念，并赋予其丰富的内涵。此外，本书还介绍了典型硬科技领域的突破性进展和硬科技产业的发展情况，分析了硬科技创新的基本规律和主要特征，在梳理我国科技创新政策和规划布局的基础上，比照借鉴创新型发达国家推动硬科技发展的成功经验，提出了我国发展硬科技的总体战略、实现路径和具体对策。本书编写组走访调研了近百家科技企业和科研机构，梳理汇总了现阶段我国典型的硬科技技术目录，旨在促进技术、资本、人才等各类创新要素加快向硬科技企业集聚，鼓励更多企业掌握关键核心技术，提升我国企业的技术创新能力和国家的综合国力。

本书可供政府部门、国家高新区、科技管理工作岗位的领导干部参考，也可供科技企业、高等院校、科研机构、金融机构、投资机构、科技创新创业服务机构的工作人员以及对科技创新发展有浓厚兴趣的大众读者阅读。

◆ 编　　著　贾敬敦　米　磊　于　磊
　　责任编辑　韦　毅
　　责任印制　李　东　周昇亮

◆ 人民邮电出版社出版发行　　北京市丰台区成寿寺路 11 号
　　邮编　100164　　电子邮件　315@ptpress.com.cn
　　网址　https://www.ptpress.com.cn
　　北京盛通印刷股份有限公司印刷

◆ 开本：720×960　1/16
　　印张：19　　　　　　　　　　　2021 年 6 月第 1 版
　　字数：240 千字　　　　　　　　2024 年 2 月北京第 12 次印刷

定价：79.80 元

读者服务热线：(010)81055552　印装质量热线：(010)81055316
反盗版热线：(010)81055315
广告经营许可证：京东市监广登字 20170147 号

编 委 会

编委会主任

贾敬敦

编委会副主任

米 磊 于 磊

编委会成员（按照姓氏笔画排序）

王赫然　冯 华　孙翔宇　李 浩　杨大可　邱 兵　宋 扬
张 通　张艳秋　张海超　范忠仁　赵瑞瑞　侯自普　郭 曼
唐玲玲　曹慧涛　韩秋明　阚 川　黎晓奇

研究项目顾问

稼轩律师事务所　曹鹏

本书的研究及编撰受科技部科技创新战略研究专项资助。

序　一

硬科技照耀人类前行

最近，贾敬敦主任、米磊博士和于磊副研究员的新作《硬科技：中国科技自立自强的战略支撑》（下文简称《硬科技》），对硬科技进行了系统、深入的诠释。很有意义的是，科技管理专家和科技专家共同执笔著书立说，本身就是一种创新，这在中国还不多见。

我曾经跟作者就"硬科技"的概念进行过探讨。那时，我觉得有"硬科技"，就有"软科技"，因此常常陷入对"软科技"定义的思索。后来，人们把互联网等数字载体的商业模式归纳为软科技。从严格意义上讲，数字载体本身也是硬科技；支撑数字载体的软件代码和算法等，也许可以算作软科技。但有些数字载体技术（如区块链技术），既"硬"也"软"，属于"软硬兼施"。尤其是在数字时代和智能时代，硬科技和软科技的结合将越来越紧密，两者都属于现代科技的一部分。

当《硬科技》送到我手上时，我发现，这本书把科技和产业的关系放到了非常突出的位置，这让我眼前一亮。中国科技发展到今天，原始科技创新还是不够的，其原因就是我国的科学研究和产业工业之间，在很大程度上还是分割的。我个人觉得，改变这种局面的速度和程度，不仅将决定中国科技的未来，也决定中国经济的未来，甚至将决定中国的未来。因此，当我阅读本书时，能够感受到一种特别的厚重感和历史责任感，它承载着科技管理者和科学研究者对科技创新、自主创新等创新驱动发展战略的深入思考。作者也从基本概念、内涵特点、发展趋势、战略与政策建议等方面，对硬科技进行了较为系统的论述，具有很强的现实性和实践性。

世界科技前沿显示出不断向宏观拓展、向微观深入的趋势和特征。宏观世界大至天体运行、星系演化、宇宙起源，微观世界小至纳米技术、基因编辑、粒子结构、量子调控等，都处于当前科技发展的最前沿，深刻影响和有力推动着人类社会的进步与发展。以我熟悉的纳米科技为例，它就是典型的进军微观世界的硬科技代表。爱思唯尔（Elsevier）2021年发布的研究报告显示，21世纪以来，全球共有960个最显著的前沿科研方向，其中89%与纳米科技有关。纳米科技具有前沿性、基础性的特征，为物理学、化学、材料科学、能源科学、生命科学、药理学与毒理学、工程学等学科提供了创新推动力，是人类最具创新能力的科学研究领域之一，并正成为变革性产业制造技术的重要源泉。

人类对前沿科技的探索永无止境。未来50年甚至更长时间，人类科技的发展方向就是"智能"，科学家和工程师们会把人类需要的生活与工作用品最大限度地智能化。因此，处在实现中华民族伟大复兴历史进程的关键期的中国，更需要持续推动科技创新。相信这本浸透了作者的智慧和汗水的著作，能够激励更多的人肩负起国家科技自立自强的重任，弘扬"勇担使命、敢为人先、啃硬骨头、十年磨剑"的硬科技精神！

在此，我向作者和硬科技团队表示衷心祝贺！期待大家一方面进一步丰富硬科技的理论，另一方面也在硬科技领域多出成果、多出产品，让硬科技照耀人类前行！

赵宇亮

中国科学院院士，发展中国家科学院院士，

国家纳米科学中心主任

2021 年 4 月

序 二

过往丰富的历史经验明确地告诉了我们，科技是推动时代发展的原动力，这已不必赘述。但"硬科技"这个概念却是我认识米磊博士之后才有所了解的。通常人们会为"科技"加上许多种前缀来描述它，比如高科技、黑科技等，这些搭配或许都有各自的来源，但这个"硬"字却深得我心。举全国之力抗击新冠肺炎疫情，我们打的就是一场"硬仗"。在政府有效的抗疫措施的指导下，全国人民同心协力、共克时艰，如今已取得了阶段性的胜利。

"硬科技"具体是什么，本书给出了详尽的介绍，而其中所体现的对西方科技思想理论中精华部分的吸收，以及结合我国科技发展基础进行的融合，会促使人们对科技发展、成果转化产生更为深入的思考。本书主要由科技部火炬中心和中科院所属的科技成果转化团队完成，从书中可以了解到国家对科技创新的高度重视，以及硬科技所代表的关键核心技术的战略意义。而更为切实的，我认为，则是书中对科研成果转化的重视。

作为一名一线医务工作者，我对其他专业领域谈不上有多熟悉，当然，对芯片、光刻机之类被"卡脖子"的技术领域还是有所了解的。其实，医院所使用的一些仪器设备和药物等目前也都是需要进口的。首先，我并不是说反对进口，或是对"全球化"有什么看法，医学界乃至整个科学界都需要开放交流；但手里有"硬家伙"，掌握硬科技，才能打得了硬仗。好比抗疫期间，口罩等医疗物资从早期阶段的供不应求，到制造业各公司纷纷入场转型，不但支撑起了国内的抗疫物资供给，还承担了大量对外援助的份额。同样，我国自主研发的新冠疫苗能够快速地通过临床一期、二期试验，保障疫苗的安全性和免疫原性，都离不开当下我们所拥有的先进科研技术。

但是，我们也需要清醒地认识到，我们的国家仍然有很多方面需要追赶发达国家，有很多领域有待进步和提高。本书对科研与产业脱节的问题进行了较为客观的论述，并针对科技成果转化过程中的"老难题"给出了专业的建议。尤其是对如何引导更多金融资源支持科技成果转化的建议，这是我比较关心的，因为医学领域中的很多生物临床转化类项目都面临投入大、周期长，并且失败率高的问题，研究过程中的一些小事都会影响到项目的"生与死"。本书一方面为有意愿进行成果转化的科技工作者们展示了前人的探索经验，提供了具有参考价值的建议；另一方面也是在引导整个社会的大环境变得不那么浮躁，促使国内涌现更多的"耐心资本"。

互联网加快了人们对信息的获取，也涌现了一个接一个的热点，包括我本人也是因为网络被大家所熟知。但我只是一名医生，并不是什么"网红"，想的也只是要救治病人。本书提出的"硬科技"内涵——要敢于担当、啃硬骨头，拥有长期专注不移的精神和信念，我很认可，这也是医生成长过程中所要具备的。一个学生如果选择学医，那么就是选择了对患者的责任，肩负的是治病救人的使命；而选择硬科技，就是选择了对国家的责任，肩负的是实现我国科技自立自强的使命。这都需要我们拥有高度的责任感、严谨的科学精神，以及不断探索的进取心。

米磊介绍说，这本书是"硬科技"的开始，是对过往 10 年工作的总结，也是科技部火炬中心对全国高新区未来发展的指引。在未来，他们将会更努力地推动硬科技的发展，以实现我国科技自立自强为目标而奋斗。我也希望硬科技能持续帮助突破"卡脖子"的问题，也能够不断地造福广大人民群众。疫情来临时，作为专业人士，我有责任把真实情况告诉大家，因为只有了解才会知道如何防控。同样，当新一轮科技革命来临之时，也需要有人来分享专业的知识和时代的变化，然后大家便可以用平和的心态过自己的生活，在自己的岗位上作出相应的贡献。

最后，我不是什么网上称呼的"硬核医生"，但是我希望国家的科技是"硬"的，这样一来，人民的腰杆也能够"硬"得起来。

张文宏

上海市新冠肺炎临床救治专家组组长，

复旦大学附属华山医院感染科主任

2021 年 4 月

前　言

回顾世界的发展，每一次科技革命都重绘了全球创新版图。从第一次科技革命中的蒸汽机，到第二次科技革命中的内燃机、电力，再到第三次科技革命中的原子能、电子计算机等，科技创新推动人类社会实现了 3 次跨越式发展，使其相继进入"机械时代""电气时代""信息时代"。可以说，真正能够推动人类社会进步、改变世界进程、引领人类社会生活发生根本性变革的科技，都是那些需要长期研发投入、持续积累、对产业发展具有较强引领和支撑作用的关键核心技术。2010 年，中国科学院西安光学精密机械研究所（简称中科院西安光机所）的米磊博士（本书作者之一）将这类技术定义为"硬科技"。

硬科技也是近代大国崛起的重要"法宝"。历史经验表明，这些崛起的国家大都依靠引爆科技革命，占据了每个时代的硬科技发展前沿。从引领第一次科技革命的英国，到引领第二次科技革命的德国、美国和日本，再到引领第三次科技革命的美国，它们都把握住了当时的硬科技发展机遇，从而带动产业变革，进而相继崛起，成为典型的世界科技强国。

纵观当下，世界正处于百年未有之大变局。2008 年金融危机以后，全球经济发生嬗变，因"变"而生的不稳定、不确定、不平衡现象也日益凸显。全球经济整体衰退，经济格局深度调整；全球政治动荡，世界秩序乱变交织，新兴力量崛起；贸易保护主义蔓延，逆全球化思潮暗流涌动；大国竞争博弈加剧，国际环境日趋复杂，不稳定性、不确定性明显增加。全球迎来了3个历史性转折点：一是全球科技发展通常以60年为周期循环往复，新一轮科技革命孕育而生；二是世界大国以100年左右为周期相继崛起，时代发展将促使新的大国崛起；三是中国经济高速和中高速增长的发展周期已持续40余年，新一轮发展已经起航。

聚焦中国，我们迎来了世界新一轮科技革命和产业变革同我国转变发展方式的历史性交汇期。自新中国成立以来，我国经过要素驱动、投资驱动两个发展阶段，取得了巨大的发展成就。当前阶段，依靠人口红利、投资红利等原有的增长机制和发展模式，已经难以满足我国新一轮高质量发展的需求。根据美国经济学家迈克尔·波特的国家经济发展四阶段理论[①]以及我国的经济发展周期推断，我国已经步入创新驱动阶段。掌握硬科技，是我国下一个发展周期的核心路径。

展望未来，硬科技将助力我国实现科技自立自强。2018年5月，习近平总书记在两院院士大会上指出："新一轮科技革命和产业变革正在重构全球创新版图、重塑全球经济结构……科学技术从来没有像今天这样深刻影响着国家前途命运，从来没有像今天这样深刻影响着人民生活福祉。"习近平总书记强调："中国要强盛、要复兴，就一定要大力发展科学技术，努力成为世界主要科学中心和创新高地。"在时代发展大势、全球发展局势、国家发展趋势的多元背景下，党和国家领导人准确把握历史发展规律，2020年10月，在党的十九届五中全会上作出了"坚持创新在我国现代化建设全局中的核心地位，把科技自立自强作为国家发展的战略支撑，面向世界科技

---

① 迈克尔·波特依据经济发展的历史和对国家之间的比较，提出国家经济发展有4个阶段，分别是要素驱动阶段、投资驱动阶段、创新驱动阶段和财富驱动阶段。

前沿、面向经济主战场、面向国家重大需求、面向人民生命健康，深入实施科教兴国战略、人才强国战略、创新驱动发展战略，完善国家创新体系，加快建设科技强国"的伟大决策和战略部署。

　　面对严峻复杂的国际形势和新冠肺炎疫情之下全球产业链重塑的压力，面对我国创新能力不适应高质量发展要求的内部挑战，我们比以往任何时候都更加需要发展硬科技。发展硬科技与科技自立自强历史性地交汇在一起，将成为提升我国产业链供应链的安全稳定性和竞争力、保障国家战略安全、实现我国经济高质量发展的有力支撑。当代中国需要启动国家科技自立自强发展的核心引擎，以推动中华民族伟大复兴向前再迈出新的一大步，助推社会主义中国以更加雄伟的身姿屹立于世界东方。

目　录

硬科技

第一章
时代呼唤发展硬科技

在世界局势变化莫测、全球经济增长整体乏力、新一轮科技革命孕育待发的时代背景下，世界各国将把握新一轮科技革命的机遇作为未来发展的着力点，全球科技竞争日趋白热化。同时，我国也迎来了世界新一轮科技革命与自身转变发展方式的历史性交汇期。在我国建设世界科技强国及创新驱动高质量发展的进程中，"硬科技"的概念从关键核心技术创新和自主创新中独立形成，契合了我国新时期的发展大势和战略需求，培育、发展和掌握硬科技成为新时代的最强呼唤。

一、时代背景

在我国向中华民族伟大复兴迈进的征程中，在我国加快实现建设世界科技强国的伟大目标、实施创新驱动发展的伟大实践中，党和国家史无前例地高度重视科技创新，为我国硬科技的发展提供了强大的战略支撑，硬科技发展的时机日趋成熟。

1. 党中央、国务院高度重视科技创新

2020 年 10 月，中国共产党第十九届中央委员会第五次全体会议（简称十九届五中全会）审议通过的《中共中央关于制定国民经济和社会发展第十四个五年规划和二○三五年远景目标的建议》中提出坚持创新在我国现代化建设全局中的核心地位，把科技自立自强作为国家发展的战略支撑。党的

十九届五中全会提出了到二〇三五年基本实现社会主义现代化远景目标，其中包括"我国经济实力、科技实力、综合国力将大幅跃升""关键核心技术实现重大突破，进入创新型国家前列"。此次部署突出两大亮点，充分表明国家对新时期科技创新在支撑国家整体发展中的重视程度和决心。

第一个亮点是首次提出将科技自立自强作为国家发展的战略支撑。

为什么要科技自立自强？一直以来，自力更生是我们中华民族的优良传统，我们依靠自力更生取得了一个又一个的伟大成就。从垦荒延安南泥湾，到"两弹一星"，再到今天的北斗组网、"嫦娥"揽月、"神舟"飞天、"天舟"穿梭、"蛟龙"入海等一系列伟大成就，无不体现了我们自立自强的精神。2013年，习近平总书记在中国科学院（简称中科院）考察工作时指出："近代以来，西方国家之所以能称雄世界，一个重要原因就是掌握了高端科技。真正的核心技术是买不来的。正所谓'国之利器，不可以示人'。只有拥有强大的科技创新能力，才能提高我国国际竞争力。"2015年，习近平总书记在视察"硬科技"发源地——中科院西安光机所时指出："我们的科技创新同国际先进水平还有差距，当年我们依靠自力更生取得巨大成就。现在国力增强了，我们仍要继续自力更生，核心技术靠化缘是要不来的。"

事实证明，一个国家想要强大、想要保障国家安全，必须将关键核心技术这个"国之重器"掌握在自己手中。关键核心技术成为以美国为代表的某些国家制约其他国家崛起的"撒手锏"。美国动用国家力量对我国实施的科技封锁，更让我们看到了科技自立自强的必要性。现在我国正经历百年未有之大变局，必须走更高水平的自力更生之路。科技自立自强是新时期、新形势下，党中央在科技创新方面作出的又一次重大战略部署，为凝聚全国力量发展科技创新指明了新的方向，提出了更高的要求。

这要求我们必须要深刻理解以习近平同志为核心的党中央关于科技创新

the战略意图，深刻理解加快实现科技自立自强的重大意义，以及科技工作者肩负的重大使命责任，切实地将科技发展与党中央的重大决策部署相结合，以科技创新为国家发展赢得主动，以科技创新推动国家建成科技强国。

第二个亮点是科技创新被摆在各项规划任务的首位，并进行专章部署，这在我们党编制五年规划建议历史上是第一次。

党的十八大以来，党和国家深刻把握国内外大势，立足我国发展全局，围绕科技创新持续作出重大战略决策，不断强化科技创新在我国发展全局中的重要地位。2012年，党的十八大报告提出科技创新是提高社会生产力和综合国力的战略支撑，必须摆在国家发展全局的核心位置。2016年，中共中央、国务院印发了《国家创新驱动发展战略纲要》，提出到2050年建成世界科技创新强国，成为世界主要科学中心和创新高地，为我国建成富强民主文明和谐的社会主义现代化国家、实现中华民族伟大复兴的中国梦提供强大支撑。2017年，党的十九大报告明确提出创新是引领发展的第一动力。2018年，习近平总书记在两院院士大会上指出，进入21世纪以来，全球科技创新进入空前密集活跃的时期，新一轮科技革命和产业变革正在重构全球创新版图、重塑全球经济结构。

为什么从"十四五"规划开始将创新放在了首位？这是以习近平同志为核心的党中央在把握大势、立足当前、着眼长远的背景下作出的战略布局。改革开放以来，我国依靠人口红利、投资红利以及吸收三次科技革命的成果，推动经济飞速发展。在经济比较落后的阶段，固定资产的投资、劳动人口的增加能够在短时间内促进我国经济高速增长。但是随着我国经济的快速发展，经济达到一定体量，人口、投资等要素的投入对我国经济增长的作用越来越小，边际收益快速递减，我国产业升级乏力，经济增长由高速转为中高速甚至中速，经济发展面临较大压力。经济总量与发展模式之间的关系如

图 1-1 所示。

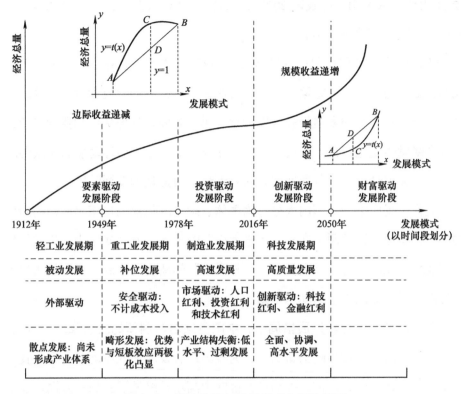

图 1-1　经济总量与发展模式之间的关系

更重要的是，长期依靠人口红利与投资红利的发展方式，我国呈现出了创新供给和消费"两头在外，大进大出"的外向型发展结构。一方面，中国制造业大而不强，很多关键核心技术严重依赖国外进口，整个制造业仍处于全球价值链的中低端，大量人口成为发达国家的廉价劳动力，大量生产红利被发达国家攫取。以芯片为例，2020 年我国芯片进口总额高达 3800 亿美元。对于芯片应用终端产品——手机，我国投入了大量的劳动力，但无线充电接收端的线圈模组、射频天线、外观件等所有硬件投入的综合价值仅占手机产业总价值的 1/20（以苹果手机产业为例）。另一方面，在消费端，我国内需滞后，根据海关总署公布的数据，我国 2020 年的货物进出口贸易总额达 32.16 万亿元人民币，占我国 2020 年 GDP 的 30% 以上，2008 年金融危机之前这一占比最高曾在 60% 以上。

随着全球局势和我国自身发展形势的变化，"两头在外，大进大出"模式的弊端日益凸显。一方面，我国经济快速发展，劳动力成本急速上升，这种以国际循环为主的发展模式难以为继。另一方面，外部环境和我国当前的要素禀赋发生变化，市场和资源"两头在外"的国际大循环动能明显减弱。

党中央审时度势，科学把握国内外大势，根据我国发展阶段、环境、条件的变化，提出推动以国内大循环为主体、国内国际双循环相互促进的新发展格局，将原来以"两头在外，大进大出"的外向型发展战略为主的发展格局转换为"以内为主、以内促外、内外联动"的新发展格局，目标是实现中国经济发展到更高水平的动态平衡。

在"双循环"的新发展格局下，中国亟须培育创新的新引擎。一方面，通过源源不断地增加高端创新供给，为我国经济发展注入新动能，提升我国在全球分工体系中的地位，推动产业链向中高端升级发展。另一方面，通过深化供给侧结构性改革，激发出我国强大的内需，解决当前我国社会主要矛盾，即人民日益增长的美好生活需要和不平衡不充分的发展之间的矛盾。因此，将创新放在国家发展的首要位置，是事关我国全局的系统性深层次变革，也是党和国家着眼于经济中长期发展作出的重大战略部署，更是我国实现更加强劲的可持续发展的战略选择。

2. 发展硬科技的条件已经成熟

新中国成立以来，全国各族人民、社会各界力量在党中央的领导下，凝心聚力、攻坚克难，国家赢得了长期稳定的发展，取得了巨大的经济社会进步，夯实了硬科技发展的各项基础和条件。

社会大局稳定，制度优势显著。我国对外坚持和平共处五项原则，对内围绕社会主要矛盾和人民核心诉求，保持了长期稳定发展，社会大局持续保持安全稳定。同时，我国的社会主义制度具有集中力量办大事的优势，在支撑国家重大战略实现、重大工程突破、重大灾害应对等方面发挥着重要作用，是我国实现"两弹一星"、"神舟"飞天、"蛟龙"入海等一系列举世瞩目的成就的重要"法宝"。

2020年4月，中央全面深化改革委员会第十三次会议召开，会议指出，"加快构建关键核心技术攻关新型举国体制"。这是对举国体制理论的升级、完善和深化，更是对我国科技创新理论的一次重大创新与突破。在国际创新竞争日益激烈、我国加快实施创新驱动发展的战略背景下，我国面临外部"卡脖子"技术封锁和内部缺少发展动力的双重压力，加强硬科技创新成为解决我国当前发展瓶颈问题和抢占未来发展机遇的重要选择，能够在新时期凝聚起全社会人民群众对走创新发展道路的集体信心和强大能量。同时，我国拥有约14亿人口（其中4亿以上为中等收入群体）的超大规模市场。2020年，我国社会消费品零售总额已达39.2万亿元，市场空间广阔，为我国硬科技的发展提供了重要的需求侧牵引力。

物质基础雄厚，财力支撑强劲。经过了70余年的发展，我国经济总量不断增大，GDP从1978年的3679亿元人民币增长为2020年的101.6万亿元人民币。我国对世界经济增长的贡献率超过30%，成为世界经济增长的主要动力源和稳定器。近年来，我国步入经济发展新常态，经济发展呈现出增速趋缓、结构趋优的态势。2013—2016年，我国GDP年均增长率保持在7%左右，高于同期世界2.5%和发展中经济体4%的平均水平。"十三五"时期，我国经济实力、科技实力、综合国力跃上了新的大台阶。

经济总量持续增长，产业结构不断优化。随着世界进入以信息产业为主导的经济发展时期，我国把握数字化、网络化、智能化融合发展的契机，着力引领产业向中高端领域迈进，培育出一批新经济、新业态、新动能，造就了日渐强大的"中国制造"。经历多年的供给侧结构性改革，我国 2019 年的三次产业结构占比分别为：第一产业增加值占 GDP 的比重为 7.1%、第二产业增加值的占比为 39%、第三产业增加值的占比为 53.9%。第三产业已经成为国家主导产业，其增加值超过第一、第二产业增加值的总和。国家实验室、新型研发机构等新兴创新力量加快布局落地，国家高新区、自创区、创新型产业集群、特色产业基地等产业创新载体稳步建设推进，一大批科技企业孵化器、众创空间蓬勃发展，从国家到地方的一系列支持科技创新、支持企业发展的政策措施为发展硬科技打下了坚实的环境基础。

企业实力不断增强，产业基础雄厚。伴随着经济的快速发展，我国涌现出了一批实力强大、成就重大的科技企业。华为公司 2020 年投入约 1419 亿元用于研发，研发费用在全球科技企业中位列第三，已超过很多欧美科技巨头，其在 5G 网络、系统开发与光学成像方面取得了举世瞩目的领先成就。在科技产业化方面，我国"复兴号"高速列车迈出了从追赶到领跑的关键一步，移动通信、新能源汽车等跻身世界前列，集成电路制造、高档数控机床等加快追赶国际先进水平，自主研发的人工智能深度学习芯片实现商业化应用，超导磁共振等医疗器械实现国产化替代。我国在全球产业格局中从被动追随向主动挺进世界舞台中心转变，一系列世界领先的科技企业与高端产业成果的产生，为硬科技发展奠定了坚实的产业基础。

人力资源丰富，智力供给充足。进入 21 世纪以来，我国对科技人才的重视程度逐步提升，先后出台了一系列战略、规划、政策和计划，协同推进创新型人才培养工作。"科教兴国""人才强国""创新驱动发展"三大战略激发了科技人才活力，培养并造就了一大批具有全球视野和国际水平的科技人才，人才引领创新发展作用显著增强，创新人才总量和质量的提升成效显著，为硬科技发展积累了储备充足、实力雄厚的人才资源。从人才规模总量看，国家统计局 2019 年 7 月发布的新中国成立 70 周年经济社会发展成就系列报告显示，2018 年，按折合全时工作量计算的全国研发人员总量为 419 万人年，是 1991 年的 6.2 倍。我国研发人员总量在 2013 年超过美国，已连续 6 年稳居世界第一位。同时，我国的科技人才结构和学科分布也日趋完善。2014 年自然科学与工程学学士学位获得人数排名靠前的国家与地区分别为中国（145 万）、欧盟 8 国（57 万）、美国（38 万）、日本（12 万）、韩国（11 万），我国已经成为世界第一。我国的专业技术人才队伍蓬勃发展，中国科协调研宣传部和中国科协创新战略研究院联合发布的《中国科技人力资源发展研究报告（2018）——科技人力资源的总量结构与科研人员流动》显示，截至 2018 年底，我国科技人力资源总量达 10 154.5 万人，规模继续保持世界第一。我国的人才优势持续转化为创新发展优势，屠呦呦研究员获得诺贝尔生理学或医学奖，王贻芳研究员获得基础物理学突破奖，潘建伟团队的"多自由度量子隐形传态"研究位列 2015 年度国际物理学领域的十项重大突破的榜首……我国在全球人才和创新版图中的地位大幅提升。

科研水平快速提高，各项指标位居世界前列。在研发投入方面，我国全社会研发投入从 1995 年的 400 亿元左右，以每年近 20% 的速度增长。"十三五"期间，我国全社会研发经费支出从 1.42 万亿元增长至 2.21 万亿元，研发投入强度从 2.06% 增长至 2.23%，超过欧盟 15 个发达经济体的平均水平。技术市场合同成交额翻了一番，2020 年超过 2.8 万亿元。世界知识产权组织发布的全球创新指数显示，我国排名从 2015 年的第 29 位跃升至 2020 年的第

14 位。按照 2010 年以来中美 R&D[①]国内支出的复合增速测算，到 2024 年前后，中国在研发的整体资金投入将超越美国，成为世界第一。不断增长的科技实力和创新能力为经济发展、民生改善和国家安全保障提供了有力支撑，进一步增强了我们抢抓重大机遇、应对风险挑战的信心和决心。

科研体系建设加快，创新基础设施完善。目前，我国已逐渐形成涵盖国家自然科学基金、国家科技重大专项、国家重点研发计划、技术创新引导专项、基地和人才专项五位一体的研发体系，搭建起涵盖基础研发、重大战略技术和产品、产业能力提升及转移转化、人才建设等全链条的研发体系。我国科研载体立体布局迅速完成，逐渐建立起涵盖国家实验室、综合性国家科学中心、国家科技创新中心的科研载体体系，形成 3（3 个科技创新中心）+4（4 个综合性国家科学中心，未来还会增加）+N（N 个国家实验室）的由点到面、由区域到全国的立体化科研攻关格局。综合性国家科学中心是我国构建世界级重大科技基础设施的战略依托，肩负着承担国家重大科技任务、实施大科学计划、实现重大原创突破和关键核心技术攻关、辐射带动区域和国家创新发展的艰巨使命。北京怀柔、上海张江、合肥、深圳等 4 个综合性国家科学中心已获批建设。2014 年以来，北京、上海与粤港澳大湾区相继被定位为全国科技创新中心，有效集聚我国最领先的科技创新资源，塑造更多依靠创新驱动、更多发挥先发优势的引领型发展，代表国家在全球范围内开展竞争，在全球价值链中发挥价值增值功能并站在价值链的顶端，持续创造新的经济增长点，成为我国建设世界科技强国、实现创新驱动发展和高质量发展的先行区。

科研成果产出方面，根据中国科学技术信息研究所 2020 年底发布的中

---

① 指 research and development，研究与试验发展。

国科技论文统计结果，2010 年 1 月至 2020 年 10 月，我国科技人员共发表国际论文 301.91 万篇，排在世界第 2 位，我国高被引论文数量和热点论文数量同样排在世界第 2 位。2020 年，我国发明专利授权 53 万件。截至 2020 年底，我国国内（不含港澳台）发明专利有效量 221.3 万件，每万人口发明专利拥有量达到 15.8 件。同时，我国高质量创新成果及新技术、新模式、新业态不断涌现。我国化学、材料、物理等学科居世界前列：铁基超导材料保持国际最高转变温度；量子反常霍尔效应、多光子纠缠研究世界领先；中微子振荡、干细胞、利用体细胞克隆猕猴等取得重要的原创性突破；悟空、墨子、慧眼、碳卫星等系列科学实验卫星成功发射；500 米口径球面射电望远镜、上海光源、全超导托卡马克核聚变实验装置等重大科研基础设施为我国开展世界级科学研究奠定了重要的物质技术基础。

金融结构持续优化，血液供给充足。改革开放以来，我国初步建立了由直接融资与间接融资构成的完整的金融体系，加快组建多层次的资本市场，成立了一批服务于科技创新的专业化金融机构，形成了具有突破性的金融模式，不断增强金融对科技创新的支撑作用。我国直接融资市场主要由股权融资市场构成，2018 年我国直接融资总额为 2.4 万亿元，其中股权投资市场新募集超过 1.3 万亿元资金，新产生 1 万余起投资案例，资本管理量约为 10 万亿元，为众多初创型企业提供了有效支持。2018 年我国中小板、创业板、新三板和区域股交市场等主要服务中小微企业的市场股票融资额规模超过 6000 亿元，科创板于 2019 年 7 月在上海证券交易所设立并试点注册制，开市首周交易额就突破了 1400 亿元。上海科创板的强力推出和深圳创业板的注册制改革，为硬科技企业上市融资提供了重要渠道，将有力引导我国资本市场和金融机构聚焦支持硬科技创新。

针对"缺芯"等问题，我国设立了国家集成电路产业投资基金、国家先进制造业产业投资基金、国家新兴产业创业投资引导基金等各类支持科技创新的投资母基金。中科院则成立了科技成果转移转化母基金，基金完全实行市场化运作，搭建面向全国的科技成果孵化、转化平台和投资体系，重点投资中科院内外各前沿与关键技术领域内的科技成果转化和产业化项目。中科院西安光机所也联合社会资本创办了中科创星，目前已成为国内科技领域专业的企业投资孵化平台。此外，政府通过税收、货币等政策工具，加大对科技企业的支持，典型代表是高新技术企业税收优惠政策和企业研发费用加计扣除政策（2021年又进一步加大了政策优惠力度），引导企业加强研发投入。

我国间接融资市场主要由各类银行构成，为科技企业获得发展资金提供帮助。《2020年中国银行业服务报告》显示，截至2020年底，小微企业贷款余额达42.7万亿元，为科技型中小企业融资提供了资金保障。与此同时，我国积极进行间接融资的机制创新，多家商业银行在北京、上海、深圳、成都等地成立了160余家科技支行，通过知识产权抵押、供应链融资、知识产权证券化等方式，探索金融支持科技的新路径。

3. 新一轮科技革命和产业变革开辟了新赛道

从历史上看，每一次科技革命爆发，都推动了科技革命主导国的崛起，也将人类社会发展推上一个新的高度。

第一次科技革命驱动人类社会进入"机械时代"。1765年哈格里夫斯发明了具备现代机器雏形的珍妮纺织机，使纺织效率大大提高，由此让人类社会由工场手工业时代向机器大工业时代迈进了一大步。1785年瓦特改良蒸汽机并投入使用，为机器提供了动力系统，人类社会进入"蒸汽时代"；

随后美国人富尔顿和英国人史蒂芬逊先后发明了蒸汽动力汽船和机车，人类交通运输进入以蒸汽机为动力的新时代。这次科技革命不仅推动了人类产业变革，也促进了人类社会变革和全球格局的变化。随着生产力的进步，工厂作为人类生产最主要的组织形式开始出现，资本主义的生产方式逐渐取代落后的自耕农生产方式，资本主义制度开始萌芽。

第二次科技革命驱动人类社会进入"电气时代"。基于科学理论的进步，19世纪末至20世纪初出现了一系列重大发明，以电能应用和内燃机的出现为标志的第二次科技革命爆发。1866年德国人西门子制成了发电机，电力成为新能源，电力工业也因此迅速发展起来。同时，自英国人斯特里特提出从燃料的燃烧中获取动能之后，经过近百年的理论研究和实践探索，以煤气和汽油为燃料的内燃机在19世纪七八十年代相继诞生，内燃机的发明解决了交通工具的发动机问题。19世纪80年代，德国人卡尔·弗里特立奇·本茨等人成功地制造出由内燃机驱动的汽车，内燃机汽车、远洋轮船、飞机等得到了迅速发展。内燃机的发明，推动了石油开采业和石油化工工业的发展，产业发展由轻工业向重工业转变。

第三次科技革命驱动人类社会进入"信息时代"。20世纪四五十年代，以原子能、电子计算机、空间技术和生物工程的发明和应用为主要标志的第三次科技革命爆发，这次科技革命涉及信息技术、新能源技术、新材料技术、生物技术、空间技术和海洋技术等诸多领域，推动人类社会又一次实现飞跃式发展。尤其是电子计算机的迅速发展和广泛应用，推动人类社会进入"信息时代"。这次科技革命促进第三产业崛起，以知识经济为代表的新型经济成为各国综合国力竞争的关键，极大地推动了人类社会经济、政治、文化的变革，也促使人类的生活方式和思维方式发生了转变。

当前，我们正步入以生命科学和人工智能为核心的第四次科技革命之中，进入新发展阶段，我国比过去任何时候都更加需要科学技术解决方案。科技创新是百年未有之大变局中的一个关键变量。当前这场科技革命方兴未艾，世界各国与全球科技企业又一次站在了新的赛道上。我国在未来的发展中必须紧紧抓住这一重大机遇，深度参与并力争在新一轮科技革命和产业变革竞争中赢得胜利。我们看到，在新赛道上，我国科技企业具有较好的研究积累，特别是在 5G 和人工智能技术方面具备一定的领先优势。同时，我国具有广阔的新技术应用场景和市场空间，这为我国迎接第四次科技革命和产业变革提供了重要的需求牵引动力。从微观规律来看，生命科学、人工智能等新科技革命的演进都离不开以"光机电算"（即光学、机械、电路、算法）为代表的底层技术的支撑。随着集成电路芯片特征尺寸趋于物理极限，以电为传输介质的技术方式受其自身物理属性的限制，已经难以满足新一轮科技革命中人工智能、5G 通信、物联网、云计算等技术对信息获取、传输、计算、存储、显示等的更高需求。"光"有可能最终代替"电"成为新一代信息产业的基石。未来光电子产业的技术革命或类似于从电子工业的晶体管迈入集成电路时代的技术革命。新一轮科技革命可能将形成"光子科技 + 人工智能 + 生命科学"为代表的智能革命。同时，随着光电芯片、量子科技、脑科学、空天科技等领域的进步，人类的科技研究将向更微观、更高处、更深层 3 个维度展开。

新一轮科技革命风起云涌，而支撑和引领这一轮科技革命和产业变革的正是底层的硬科技，比如芯片技术、智能传感器技术等。历史和现实都告诉我们，要把握好历史大变局的趋势和机遇，就要找准发展领域、发展重点、发展路径、发展方法，向科技创新要答案，这历来是重要而关键的选择，甚至是不二选择。只有把握住了这些硬科技，才能将新赛道上的科技"优势"有效地转化为产业竞争和经济发展的"胜势"。

4．产业链重塑、创新链重构加剧了国际竞争

大国竞争的核心就是创新链和产业链的竞争。长久以来，我国创新链与产业链分离发展的现象始终存在。许多高校、科研院所在研发阶段取得的重大突破和成果大多在实验室里被束之高阁，没有能够向下延伸转化为产业优势或赋能产业发展，导致研发成果"华而不实"。与此同时，产业界的重大技术需求和很多创新难题没有得到高校、科研院所的关注，导致面向我国产业发展的科研技术供给严重不足。围绕这个困境，习近平总书记高瞻远瞩，提出"要围绕产业链部署创新链、围绕创新链布局产业链""加速科技成果向现实生产力转化，提升产业链水平，为确保全国产业链供应链稳定多作新贡献"等系列重要论述，着力推进两链融合发展。国家各部委、各地方政府深入贯彻中央部署，着力强化科技成果转化，激励和促进高校、科研院所积淀的优秀科技成果和科研人员的创新能力向产业转移转化。创新链与产业链的快速融合，将会为处在两链交叉点上的硬科技发展提供科研供给与产业需求的双向支撑，势必会孕育出一大批具有全球竞争力的硬科技企业，推动我国产业链向中高端领域迈进。

但随着国际形势的变化和中国科技产业的逐步崛起，欧美等创新型发达国家对我国科技进步的警惕性越来越强，为保障其自身在全球分工体系和产业价值链中的主导地位，硬科技成为某些西方国家围堵中国发展的核心"靶点"，技术创新的合作大门逐渐对中国关闭，特别是重点产业领域的关键基础技术已经开始对我国实行全方位封锁。

2020年，一场突如其来的新冠肺炎疫情肆虐全球，一时间世界各国"人人自危"，对全球产业链开放合作形成了巨大的冲击，世界范围内创新链、产业链的"逆全球化"趋势难以避免。在全球产业链供应链重塑的严峻考验

下，大国竞争的核心必将是硬科技引领的科技博弈，归根到底是掌握核心技术的硬科技企业之间的竞争和博弈。这也是当前我国首次提出和强调把科技自立自强作为国家发展战略支撑的大背景。谁的产品掌握硬科技、技术指标领先一步，谁就更有可能在全球产业链中处于高价值环节、在科技创新和市场上占据优势，就能在未来掌握发展的主动权。每一次硬科技的创新都将带来新一代技术的更新和替换，也必然导致一次产业格局的调整。在此形势下，企业唯有掌握产业领域的硬科技，才能获得生存和发展的机会，才能有力支撑国家产业链、创新链、供应链的安全稳定和全球竞争力。

5. 高质量发展急需硬科技的支撑与引领

党的十九大报告明确指出，中国经济已由高速增长阶段转向高质量发展阶段。实现高质量发展的核心在于通过供给侧结构性改革，显著提高以技术要素为代表的生产要素供给质量，从而提升我国全要素生产率，实现经济发展的质量提升。那么如何才能提高技术要素的供给质量？从根本上看是要依靠发展硬科技，形成一大批硬科技人才、硬科技企业和硬科技产业。

我国进入高质量发展阶段，一是适应我国经济发展新常态的主动选择，以科技创新驱动经济发展新常态，逐渐摆脱简单以 GDP "论英雄" 和被短期经济波动所左右的现状；二是党中央直面我国经济发展的深层次矛盾和问题，对实践创新、协调、绿色、开放、共享的新发展理念提出的具体对策；三是建设现代化经济体系，跨越中等水平发展 "陷阱" 的必由之路和战略目标。高质量发展就是要通过引入高质量技术要素来提高全要素生产率，坚持质量第一、效益优先，推动经济质量变革、效率变革、动力变革。实现高质量发展是全国人民的共同期盼，归根结底需要依靠科技创新提高经济发展的质量和内涵，提高科技对经济的贡献度。目前，我国科技对经济增长的贡献率为 60% 左右，与欧美发达国家平均 80% 左右的贡献率相比依然差距较大。

进入新时代，我们要依靠发展硬科技、聚焦硬科技，来切实提高我国技术要素的供给质量，助推经济高质量发展。当前，新一轮科技革命和产业变革引发了全球经济结构的重塑，科学技术与实体经济深度融合，经济发展的质量越来越取决于其中的科技含量。没有高质量的科技供给，就没有高质量的经济发展。硬科技作为现代产业链上的关键共性技术，是长期基础研究积累向产业应用转化的核心支撑，能够代表科技发展最先进的水平，引领新一轮科技革命和产业变革，是高质量科技供给的典型代表，能够为国家经济发展注入强大的新发展动能。发展硬科技是提高科技供给质量的核心要义，是现代化经济体系建设的战略支撑，能够促进我国产业迈向全球价值链的中高端。

二、战略意义

硬科技作为支撑保障我国产业链的安全稳定、提升产业竞争力和现代化水平的关键共性技术，可为我国参与大国竞争提供战略保障。当前，硬科技越来越受到党中央、国务院的关注和重视。在产业全球化加快演进的时代，谁能掌握硬科技，谁就能站在全球产业价值链的顶端。扎实发展硬科技，是推动我国产业从价值链的中低端向中高端发展、实现经济高质量发展的必要途径。

1. 保障国家战略安全

当前发达国家推动制造业回流，各国的贸易保护主义抬头明显。在这一系列冲击下，全球供应链呈现区域化、多元化、本地化的趋势，但我国的科技企业在不少核心领域仍缺乏全球供应链主导权，高技术制造企业在关键产品的关键环节、关键技术上存在断链的重大风险。因此复杂的国际形势变化对我国产业链供应链的影响不容忽视，对产业链供应链的安全稳定及国家战略安全造成了威胁。完整的产业链、稳健的供应链体系是保障国家制造业安全的重要基石。产业链自主可控事关国家战略安全和发展大局，事关经济领域风险防范和高质量发展，从短期看是稳定经济发展基本盘的关键支撑，从长远看是构建现代产业体系的核心任务。

因此可以看出，在核心关键技术领域率先突破、维护产业链供应链的安全稳定是当前和今后实现高质量发展的根本要求。而围绕产业链供应链的关键环节、关键领域、关键产品，布局"补短板"和"建长板"并重的创新链，培育催生新兴产业的增长点，切实增强国内大循环的"稳健性"，则是硬科技对国家安全保障的战略意义。

2. 塑造高质量发展新优势

改革开放之初，我国在各方面都与世界先进水平有着巨大的差距。党的十一届三中全会依据当时的国情，创新性地提出对外开放，学习发达国家的先进经验、引进先进技术和现有成果，对外开放成为当时经济社会发展的推动力之一。作为现代化的追赶者，过去我国在经济发展中一直采取"后发优势""弯道超车"的战略。这一战略的特征是通过引进、学习、模仿和利用发达国家已有的先进技术，避开自行探索和自行研发过程中的高昂成本，利用别人的经验，绕开发展过程中可能遇到的障碍和弯路，加快追赶先进经济体的速度，节省赶超的时间。经过几十年的发展和积累，凭借着后发优势，我国经济和社会发展取得了举世瞩目的成就。

但是，跟随与引进式的创新模式已经不能满足我国新时代的发展需要。进入"十三五"时期后，继续实施"后发优势"战略的发展环境和因素发生了许多重要的变化。从外部发展环境看，随着中国经济实力的逐步强大，某些发达国家出于自身利益和战略的考虑，开始在技术引进、知识产权和产业转移等方面防备中国。以美国为首的一些西方发达国家具有反自由贸易的逆全球化新倾向，试图运用某些它们自行建立的规则替代世界贸易组织制定的基本原则，达到遏制中国快速发展的目的。从我国发展环境来看，人口红利逐渐降低，以增量改革为特征的体制转型红利也释放完毕，由此出现了发展动力严重不足，以及发展不均衡、不协调、不可持续等问题。

党的十八届五中全会提出，必须把发展基点放在创新上，形成促进创新的体制架构，塑造更多依靠创新驱动、更多发挥先发优势的引领型发展。党的十九届五中全会审议通过《中共中央关于制定国民经济和社会发展第十四个五年规划和二〇三五年远景目标的建议》，明确提出坚持创新驱动发展，全面塑造发展新优势。从"后发优势"转向"先发优势"发展轨道，会使我国在全球经济竞争舞台上的角色、功能和地位发生相应的变化。在角色上，我国会由追赶者变为赶超者，甚至变为领跑者；在功能上，我国会由技术标准的遵守者和跟踪者变成游戏规则的制定者；在市场地位上，我国将由追随者、弱势者，变成市场的垄断者或寡头竞争者，由全球价值链的低端代工者变成价值链的全球性"链主"。发挥先发优势、实现引领性发展，会不可避免地与发达国家原有技术垄断者展开激烈的研发投入竞赛、技术标准竞争和后续的产业市场竞争。这种技术创新的竞争历程，中国企业之前从来没有正式地、大规模地经历过。

过去在"后发优势"战略下引进的技术往往都处于成熟阶段。因此现在要由模仿型的追赶者转变为引领发展的领跑者，就要求我国企业必须改变技术依赖策略，瞄准人工智能、生命健康、集成电路、光电子等硬科技领域，通过大量、密集的研发投入，加快培育形成新产品、新产业、新业态，建立自己的技术标准并且占据主导地位，在产业的核心技术和核心产业环节上获得国际竞争优势，从而形成国家发展的新优势。虽然，过往我国许多科技创新成果都是被倒逼出来的，但只要坚持走中国特色自主创新道路、把握住硬科技的战略发展方向，即便面对未来的风险挑战，我们也能保持战略定力，以强大的创新自信加快实现科技自立自强，在危机中育先机、于变局中开新局。

3. 优化技术供给体系

2018年5月，在两院院士大会上，习近平总书记指出，要充分认识创新是第一动力，提供高质量科技供给，着力支撑现代化经济体系建设。我国推进供给侧结构性改革的核心要义就包括提高技术等生产要素的供给质量，把硬科技作为研发活动和创新活动的主要领域。过往我国已经在技术原创与成果转化上取得了不错的成绩，在多个领域达到了国际先进水平，并在部分领域引领全球。但是，我国的技术供给仍然面临着前沿技术创新与突破性技术创新较少的情况。在过去，技术供给侧面向需求导向、问题导向和结果导向不足；部分供给的技术的成熟度还不高，从实验室科研到实际产业应用之间存在着转化阶段的空白。这意味着我国技术供给侧需要肩负起新时期的重任，而硬科技正是优化技术供给体系的关键。举个例子，华为的研发投入很高，在国内建设研究机构的同时，还在国外设立了众多研发中心，与世界各地的知名高校进行合作。而面临当下复杂的国际形势，2020 年华为创始人任正非带领团队走访了国内各地的知名高校和科研院所，寻求对接产业的新的原始创新技术供给。

技术供给的两类主体中，一类是高校、科研院所。一些科研院所的优质科研成果具有较大的市场潜能，将这些技术转移转化，能创造出新产品、新工艺，实现较大的商业价值。另一类是企业，企业要发挥技术创新的主体作用，通过自身的研发推出新的产品，让市场选择技术方向。从自然指数榜单（收录了 68 种独立评选出的高质量自然科学期刊发表信息的数据库）的角度来看，我国高校和科研院所的研发实力在不断提升，表现优异。另外，从 EI（工程索引）、CPCI/ISCP（科技会议录索引）、SCI（科学引文索引）这三大世界知名的科技文献检索系统中的论文发表情况来看，国内大学与科研院所的论文发表数量和文章被引用数量已稳居世界第二，也足以令人瞩目。纵向来看，我国整体科研实力的不断提升是值得肯定的。但是，实际上我国高校与科研院所的技术供给体系存在论文数量多但质量不高的问题，这与过去长久以来的评价考核导向问题存在一定关联。2020 年 2 月科技部印发《关于破除科技评价中"唯论文"不良导向的若干措施（试行）》的通知，随后教育部、科技部又联合印发《关于规范高等学校 SCI 论文相关指标使用　树立正确评价导向的若干意见》，要求破除"唯论文"、论文"SCI 至上"等不良导向，建立健全分类评价。这次对我国高校评价考核方向的调整，正是对高校的科研成果该如何优化其技术供给能力作出的关键动作。

除了论文发表与引用之外，我国高校与科研院所每年规模庞大的专利申请数目中也存在一定"水分"。根据世界知识产权组织的统计数据，2017 年我国的国际专利申请数量排名第二，比 2016 年增长 13.4%，我国是全球国际专利申请数量增长率最高的国家。这一年我国世界一流大学建设高校中，专利授权量超过 1000 件的有 16 所，最高的授权量超过 2000 件，而美国的麻省理工学院、斯坦福大学分别为 306 件和 204 件。中国高校专利数量普遍是欧美高校的 5 倍以上，考虑到仍面临的"卡脖子"问题，可以看出我国专利的转化率目前还处于较低的水平，大量的专利并未转变为现实的产品或转化为生产力。发明专利授权数排名前列的中美高校相关数据对比见表 1-1。

表 1-1　发明专利授权数排名前列的中美高校相关数据对比

美国的大学 / 大学系统	专利数量 / 件	科研经费 / 亿元人民币	中国的大学	专利数量 / 件	科研经费 / 亿元人民币
加利福尼亚大学系统	524	383.5	浙江大学	1951	42.4
麻省理工学院	306	64.6	清华大学	1506	51.7
得克萨斯大学系统	219	194.5	东南大学	1437	20.0
斯坦福大学	204	75.5	华南理工大学	1312	25.3
约翰霍普金斯大学	164	174.1	哈尔滨工业大学	1240	—
威斯康星大学麦迪逊分校	162	80.9	电子科技大学	1164	10.7
哈佛大学	156	76.2	上海交通大学	1087	30.6
加州理工学院	150	27.2	西安交通大学	1065	14.9
密歇根大学	128	104.0	北京航空航天大学	1037	—
南佛罗里达大学系统	116	38.8	吉林大学	1031	16.2

注：表中的数据，美国部分来自美国国家科学基金会和专利管理办公室，中国部分来自教育部科学技术司编制的《2019 年高等学校科技统计资料汇编》和国家知识产权局，专利数量指的是发明专利授权数。除中国高校发明专利数为 2018 年的数据、美国加利福尼亚大学系统和得克萨斯大学系统的科研经费为 2015 年的数据外，其他均为 2017 年的数据。此外，美国科研经费按照美元对人民币汇率 6.8：1 折算。表中的数据仅为大体情况上的对比。

值得注意的是，加利福尼亚大学系统包括伯克利分校、洛杉矶分校等10所大学的数据在内，得克萨斯大学系统则包括奥斯汀分校、达拉斯分校等9所大学和安德森癌症中心等6所医学中心的数据，南佛罗里达大学系统也包含3所大学的数据。尽管国内高校的科研经费投入仍处于劣势，但发明专利的数量却普遍比美国高校要高出一个数量级。从某种程度来看，国内高校在发明专利上可能存在虚假"繁荣"，一方面是专利激励和鼓励政策导致的，另一方面则是对专利申请的门槛设置较低导致的。

除此之外，与发达国家的企业相比，我国企业的科技实力总体上还有待提升，掌握关键核心技术的领军型科技企业较少，这在一定程度上制约了我国经济的高质量发展。推动产业实现高质量发展、提高技术要素供给质量，必须克服"短平快"的思维，推动企业、高校、科研院所扎扎实实开展硬科技研究，围绕产业链部署创新链、围绕创新链布局产业链，切实满足我国经济发展和产业发展对硬科技的高端需求。因此，要从国家经济转型层面高度重视这一涉及高质量全局发展的战略问题，把创新作为建设现代化经济体系的战略支撑，更加聚焦重点产业的关键核心技术创新，制定稳定、精准和针对性强的政策体系，精准支持对经济发展和产业变革具有关键支撑和重要引领作用的硬科技，为广大科技企业提供有效的技术供给，切实提高高校和科研院所与企业的关键核心需求对接，使科技企业掌握科技制高点、掌握发展的主动权，从而支撑我国产业结构调整和实体经济发展升级。

4. 为产业转型升级注入新动能

党的十九届五中全会提出，要坚持把发展经济着力点放在实体经济上，坚定不移建设制造强国、质量强国、网络强国、数字中国，推进产业基础高级化、产业链现代化，提高经济质量效益和核心竞争力。当前，我国产业发展正处在转型升级的关键时期，一方面制造产业转型压力巨大，过往产业结构存在"大而不强、大而不优"的问题。在 2020 年的《财富》世界 500 强企业排行榜中，虽然中国上榜企业（含香港企业，未含台湾企业）数量高达 124 家，历史上首次超过了美国。但仔细分析可以发现，中国上榜企业（未含台湾企业）的盈利水平较低，平均利润约为美国企业的一半。此外，我国大多数关键产业链的原材料供给端与最终产品需求端仍在国外，按分工来看，产业链还是"单循环"的。受国际国内经济增速降低和市场需求萎缩的影响，再加上 2020 年突如其来的全球性新冠肺炎疫情，我国制造业的发展更是出现了疲弱态势，沿海地区不少制造业企业倒闭，其中大多数是现有产能过剩的传统制造业企业。另一方面，第三产业的快速发展，导致制造产业发展的综合成本快速上升、泡沫被动挤出，在一些地区出现明显的脱实向虚现象，这带来了"产业空心化"的潜在问题，加上我国在地方层面上存在部分产业同质化竞争严重的情况，当下的局面变得相当严峻，硬科技将成为改变现状和破局的关键。

从世界创新型国家的发展经验来看，在经济起飞阶段，大多数国家的产业发展主要依靠资源要素投入，跃升至更高阶段后，基本转向提高全要素生产率来驱动发展。目前，我国已经进入高质量发展的新阶段，但产业发展仍主要靠要素投入、规模扩张，自主创新能力不强，全要素生产率还有待切实提高。我国进入新的发展阶段后存在两个方面的问题。一方面，全要素生产率较低，在过去几十年，我国全要素生产率的提高有相当一部分来自劳动力从农业部门转移到非农产业部门带来的资源重新配置，但随着经济发展阶段和人口结构的变化，这一驱动力正在减弱。另一方面，各产业中广大中小企业的技术研发活动较少、创新能力较弱、发展质量不高，导致近年来我国全要素生产率的增速出现下降。

促进我国产业转型升级的核心是通过提高企业的研发投入和创新能力，提升整个产业的竞争力，着力提高我国制造产业和实体经济的发展质量。推动产业高质量发展的关键，是推动技术供给结构与产业发展的需求结构相匹配。产业转型升级的过程，就是通过增加硬科技供给比重，进而优化技术供给结构的过程。一是通过发展硬科技孕育出新经济、新产业，推动一批硬科技落地转化成为新的生产力，引领产业升级、作出新"增量"。二是发挥硬科技在提升产业竞争力方面的作用，解决产业技术供给中的关键瓶颈问题，优化"存量"，以关键性的技术解决方案突破系统性的产业瓶颈、支撑产业转型。

对产业来说，支持硬科技创新就是要以产业链供应链的"补链强链"为目标，加快解决我国现代产业体系中的技术短板，提升企业的创新能力和核心竞争力，抢占科技制高点，实现我国产业基础再造和产业链关键环节的自主可控，从而确保我国产业链供应链安全稳定并提升其竞争力，实现社会生产力的新跃升，提高我国的综合国力和国际竞争力。

三、现实意义

发展硬科技不仅具有国家战略意义，而且在丰富创新科技理论、扩大新基建、保障产业链供应链、促进高新区高质量发展等方面具有重要的现实意义。

1. 新时代科技创新理论的新实践

党的十八大以来，习近平总书记就科技创新问题发表了一系列重要讲话，作出了一系列重要指示，构建了系统、完整的科技创新重要论述。这些重要论述是习近平新时代中国特色社会主义思想的重要组成部分，是马克思主义科学技术论中国化的最新成果，同时也是指导和推动我国科技改革发展、建设世界科技强国的思想指南，指引着我国科技创新的发展方向、目标、方针和思路。

科技创新理论伴随着时代的变化不断地发展和完善。改革开放初期，我国经济基础薄弱，我们要着力实现高新技术、提高社会生产力，以解决温饱问题；现阶段，我们要大力发展高新技术、提升企业创新能力、构建完整的产业链，以满足人民群众不断丰富的物质文化需求；在未来，我们要实现高质量发展，着重发展硬科技，以保障国家安全、满足人民日益增长的美好生活需要、提升人民群众的幸福感。这一演进过程是科学学理论的演进，符合时代的要求，是习近平总书记关于科技创新的重要论述的发展和生动实践。

习近平总书记把创新摆在国家发展全局的核心位置，高度重视科技创新，围绕实施创新驱动发展战略、加快推进以科技创新为核心的全面创新，提出了一系列新思想和新论断，其中包括"科技创新是提高社会生产力和综合国力的战略支撑""必须加快从要素驱动发展为主向创新驱动发展转变，发挥科技创新的支撑引领作用""科学技术越来越成为推动经济社会发展的主要力量""大力推进产业结构优化升级，要从实际出发，着眼于全球产业发展和变革大趋势，瞄准世界产业发展制高点，以提高技术含量、延长产业价值链、增加附加值、增强竞争力为重点，发展战略性新兴产业，发展先进制造业，发展以生产性服务业为重点的现代服务业，推动工业化和信息化深度融合，尽快形成结构优化、功能完善、附加值高、竞争力强的现代产业体系。抓这件事情，就抓住了转变经济发展方式的关键""只有把关键核心技术掌握在自己手中，才能从根本上保障国家经济安全、国防安全和其他安全""遵循科学发展规律，推动科技创新成果不断涌现，并转化为现实生产力""现在，我国经济社会发展和民生改善比过去任何时候都更加需要科学技术解决方案，都更加需要增强创新这个第一动力"等。

硬科技的概念，以及其所蕴含的战略性、原创性、关键性、引领性、基石性、时代性等特点，乃至其所承载的志气硬、技术硬、实力硬、精神硬等硬科技精神，正体现着科技创新的精神。硬科技是把握新一轮科技革命战略机遇的具体切入点，更是我国实现国家科技自立自强，从根本上保障国家经济安全、国防安全和其他安全的重要支撑。

2. 扩大新基建，助力双循环新格局

基础设施是国家经济社会发展的基石，能够为国家或地区产业发展提供物质基础。从全球产业发展的宏观视角来看，每一项新兴技术的落地和产业化壮大，都是以基础设施建设为前提的。如第一次科技革命以铁路为代表的基础设施建设，第二次科技革命以公路、电力为代表的基础设施建设，第三次科技革命以信息高速公路为代表的基础设施建设，都促进了历次科技革命主流科技成果（如蒸汽机、内燃机与电力、计算机等）的产业化应用，并催生了新兴产业集群的崛起，成为特定历史时期内全球经济进步的核心引擎。

在这个过程中，哪个国家率先完成基础设施建设，便能够率先承载主

流技术的落地转化，占据产业发展的先机，从而引领全球发展。因此，全球各国高度重视基础设施建设，特别是美国紧随历次科技革命，经历了铁路、公路和信息高速公路3次大型基础设施建设浪潮，为美国承接历次科技革命主流技术产业化夯实了基础，确保美国近几十年来始终处于全球产业发展的引领地位。我国也高度重视基础设施建设，尤其是在"十三五"时期，我国基础设施网络整体质量显著提升，形成超大规模的基础设施网络，高速铁路营业里程、高速公路通车里程、城市轨道交通运营里程、港口万吨级及以上泊位数、电力装机、电网规模、4G网络规模等均居世界第一，推动我国人流、物流、能量流的高速运转，极大地提高了我国的工业化水平。

随着国内外发展形势的变化，原有基础设施已经难以满足我国新的发展需要。一是全球新一轮科技革命蓬勃兴起，必将催生一大批新技术、新业态，这些新技术、新业态要向现实生产力转化，需要新型基础设施的支撑。二是在全球竞争格局日趋白热化的态势下，我国提出要加快构建以国内大循环为主体、国内国际双循环相互促进的新发展格局，需要新型基础设施建设的支撑，需要培育完善的内需体系。三是随着我国进入新的发展阶段，加快构建现代化产业体系、推动经济由高速增长模式向高质量发展模式转变，需要系统布局新型基础设施建设。

在此背景下，以习近平同志为核心的党中央立足我国社会主要矛盾的变化带来的新特征、新要求，着眼于全面建设社会主义现代化国家，作出了加快新型基础设施建设的重大战略部署。新型基础设施建设是适应信息智能技术与经济社会深度融合趋势、促进基础设施提质增效、推进创新驱动发展的必然选择。构建现代化基础设施体系，有利于支撑构建以国内大循环为主体、国内国际双循环相互促进的新发展格局，全面提升国家的竞争力和总体安全水平；有利于抓住新一轮科技革命战略机遇，提升经济运行效率，为装备体系更新换代、新科技推广应用创造空间；有利于满足人民对美好生活的向往，提供多元化、品质化服务，实现与生态环境协调发展。

"十四五"及今后一段时期是全球新型基础设施大建设、大发展、大演进的关键期，是新型基础设施和传统基础设施融合发展的加速期。精准布局建设哪些新型基础设施，充分考量着一个国家对新一轮科技革命的前瞻预判能力，也决定着国家对资源的投入和使用效率。

硬科技作为引领新一轮科技革命变革的关键核心技术，为我国系统布局新型基础设施建设指明了方向、提供了空间。当前阶段硬科技的代表领域，如光电芯片、人工智能、信息技术、新材料、新能源、智能制造等，正是我国 5G 基站建设、特高压、新能源汽车充电桩、大数据中心、人工智能等新型基础设施建设的重要方向。特别是在世界进入以信息产业为主导的经济发展时期，发展硬科技有利于我国对底层技术演进的内在规律的把握，如信息产业由"电"到"光"的转变等，为我国进行进一步的新型基础设施建设提供了更为精准的着力点。以硬科技为核心方向，加快 5G、工业互联网、大数据中心等基础设施建设，在新基础设施建设方面实现领先，能够促进新一轮科技革命成果，特别是基于 5G、物联网的人工智能技术产业化应用在我国大面积铺开，能够带动我国开启新一轮的经济发展周期，推动我国在智能时代引领全球发展。

3. 推动产业链供应链"补链强链"互动发展

产业链供应链的完善高效是大国经济循环畅通的关键。"十三五"以来，通过深入推进供给侧结构性改革，我国产业链供应链的核心竞争力不断增强，在全球产业链供应链中的地位持续攀升。目前，我国已经形成规模庞大、配套齐全的产业体系，是全球唯一拥有联合国产业分类中全部工业门类的国家。

但我国的产业链供应链中还存在诸多"断点""堵点"，部分核心环节和关键技术受制于人，产业基础能力不足，国民经济循环不畅，存在结构性失衡。如在科研仪器设备方面，全球排名前20的仪器设备企业中，美国有8家，欧洲有7家，日本有5家，我国一家也没有，这可以看出我国科学研究和技术创新的基础之薄弱。这一现象在"两机一芯"[①]领域表现得尤为突出，在芯片领域，从上游的材料和软件，到中游的制造，我国几乎面临全产业链落后和缺位的情况，如芯片设计所需的EDA（Electronic Design Automation，电子设计自动化）设计工具几乎完全被美国垄断。材料方面，国产率不足5%；设备方面，200多种关键设备80%以上依赖进口；工艺能力方面，与世界龙头企业相差近3代。同样，在航空领域，航空发动机技术仍旧制约我国航空产业的整体发展，即使是国产大飞机C919，其大部分关键核心部件依然严重依赖国外进口。由于产业链供应链不完善，一旦遭到国外技术封锁，我国整体产业安全将会受到巨大的冲击。

《中共中央关于制定国民经济和社会发展第十四个五年规划和二〇三五年远景目标的建议》明确提出，要提升产业链供应链现代化水平。补齐产业链供应链短板，是有效应对外部遏制打压和提升我国产业链供应链现代化水平的紧迫要求，也是提升我国产业核心竞争力的重要保障，更是党中央统筹中华民族伟大复兴战略全局和世界百年未有之大变局，站在推动高质量发展、开启全面建设社会主义现代化国家新征程的高度作出的重要战略决策。

---

① 即发动机、光刻机和芯片。

如何推动我国产业链供给链"补链强链",是未来很长一段时期内我国在产业发展方面需要深入思考的核心问题。

硬科技为我国产业链供给链"补链强链"提供了核心支撑和路径。一是硬科技作为事关国家战略安全的重点产业领域、重大关键产品、重点环节中的关键技术、核心技术和共性技术,能为我国产业链供给链"补链强链"指明具体方向和着力点。二是硬科技属于技术科学范畴,是科研端和产业端的桥梁。以硬科技为纽带,一方面能够牵引我国科研积极面向经济主战场、面向国家重大需求,为产业链产品、关键技术攻关提供高端科研供给,补位产业链短板和断点;另一方面能够以产业需求为牵引,反向推动科研端面向世界科技前沿,布局新学科,提升供应链的广度和宽度。充分发挥硬科技核心纽带作用,将能够有效推动产业链供应链"补链强链"的互动发展,加快补齐我国现代产业体系中的短板,促进我国产业基础再造和提升产业链现代化水平。

4. 助力国家高新区硬科技集聚地建设

国家高新区是科技的集聚地,也是创新的孵化器。1985 年 3 月,《中共中央关于科学技术体制改革的决定》中提出,为加快新兴产业的发展,要在全国选择若干智力资源密集的地区,采取特殊政策,逐步形成具有不同特色的新兴产业开发区。1988 年 5 月,国务院关于《北京市新技术产业开发试验区暂行条例》的批复,标志着国家高新区建设正式开启。2020 年 7 月,《国务院关于促进国家高新技术产业开发区高质量发展的若干意见》的发布,为进一步促进国家高新区高质量发展,发挥好示范引领和辐射带动作用提出了指导意见。国家高新区建设始终坚持改革开放和自主创新这一使命,积极推进科技与经济结合，也从根本上改变了我国国家创新体系的宏观构成和微观运行。国家高新区在国家创新驱动发展和转型发展中发挥着核心牵引作用，极大程度上助推了我国的改革开放事业，也从多个层面彰显了我国改革开放发展的道路自信、制度自信、理论自信和文化自信。

30 多年来，国家高新区在推动科技体制机制改革、引领我国高新技术产业发展、带动地方经济发展、辐射其他产业和后发地区、助推我国产业升级等方面发挥了重要作用。目前，国家高新区集聚了全国近 40% 的高新技术企业，全国互联网百强企业中有 96 家诞生于国家高新区，已形成以中关村、深圳高新区、杭州高新区等为代表的全球创新高地，并诞生了华为等一批具有世界影响力的高新技术企业。2019 年，我国 169 个国家高新区实现生产总值 12.2 万亿元，上缴税费 1.9 万亿元，分别占 GDP 的 12.3%、税收收入的 11.8%，国家高新区已经成为我国经济发展的核心牵引区。

随着我国经济社会发展进入新的阶段，大力实施创新驱动发展战略、推动经济由高速增长向高质量发展迈进，成为我国很长一段时期内的重要方向和任务。国家高新区作为我国科技资源最丰富、产业基础最发达、创新活动最活跃的区域载体，是国家实施创新驱动发展战略的核心载体，也将是建设创新型国家的主力军。如何在国家高质量发展的征程中，继续发挥"示范、引领、带动、辐射"作用，再创辉煌，是国家高新区未来的重要任务，也是国家对国家高新区提出的更高要求和赋予的更伟大的历史使命。

在我国建设世界科技强国及实现高质量发展的形势背景下，硬科技概念在吸收了关键核心技术创新与自主创新的内涵后逐步发展壮大。作为"比高科技还要高"的技术，硬科技契合我国未来发展的主旋律，获得了国家认可和关注。2018 年 12 月，李克强总理在国家科技领导小组第一次全体会议上提出，要突出"硬科技"研究，努力取得更多原创成果。2019 年，习近平总书记在上海考察时明确指出，要支持和鼓励"硬科技"企业上市。

硬科技为新时期国家高新区肩负引领经济发展向创新驱动转型的更高国家使命提供了具体路径，也为新时期国家高新区走出一条具有高新特色的高质量发展道路提供了切入点。2020年6月，科技部火炬中心批准西安全面启动首个国家级硬科技创新示范区建设，拉开了国家高新区硬科技示范区建设的帷幕。西安硬科技创新示范区以"支持硬科技研发—畅通硬科技转化—培育硬科技企业—做强硬科技产业"为一条核心主线；突出关键核心技术突破与体制机制创新双轮驱动；持续推进"三代技术"转化、突破与探索，率先形成关键核心技术攻关的新型体制；重点聚焦"六大领域"，示范引领硬科技产业集群培育，打造具有全球影响力的硬科技创新示范区。深入发展硬科技，推进国家高新区硬科技集聚地建设，打造硬科技发展的聚集地、策源地，培育各具特色、优势明显、链条完善的硬科技产业集群，能够有效促进我国培育一批有实力参与全球竞争的、拥有硬科技产业体系的企业，提高我国的整体竞争实力。

硬科技

第二章

认识硬科技

随着新一轮全球科技革命和产业变革的加速演进，技术创新的演进过程正在发生深刻变化。研究并确定硬科技的内涵、边界和外延，可以引导社会各界全面、系统地认识和理解硬科技，形成推动我国关键核心技术创新攻关和高新技术产业高质量发展的强大合力；梳理研究我国技术进步与产业发展之间的相互关系和发展历程，可以使管理部门准确识别硬科技、精准把握硬科技的重点领域与方向、超前部署硬科技支撑方案，为全国的硬科技发展提供理论指引。

一、基本概念与理论基础

"硬科技"这一概念融合了关键核心技术创新与自主创新的精髓，是指事关国家战略安全和综合国力，能够驱动经济社会变革的重点产业链上的关键共性技术。

在当前阶段，硬科技就是指那些事关国家战略安全的重点产业领域、重大关键产品、重点环节上的关键技术、核心技术和共性技术。长期来看，硬科技是指能够激发新一轮科技革命、催生新的产业变革、引领新一轮跨越式发展的关键核心技术。

发展硬科技能够培育高新技术产业、支撑现代化经济体系建设、促进关键行业领域内的原创性核心技术发展，实现经济的高质量发展；同时能够保障事关国家战略安全的重点产业链上的关键基础技术自主可控，能够保障我国产业链的安全稳定，提升产业竞争力和现代化水平。

硬科技的英文为 Key & Core Technology，代表了两层含义，第一层含义是它更强调关键核心技术，第二层含义是它是打开未来科技之门的"钥匙"。硬科技有着深厚的理论基础，是科技发展到一定阶段的产物，是高科技的进一步升华和质的提升。研究新时代硬科技发展的理论体系，离不开科技创新的理论和新时代中国特色社会主义理论体系的支撑和引领。

1. 硬科技的纲领性指引

党的十八大以来，以习近平同志为核心的党中央把创新摆在国家发展全局的核心位置，围绕实施创新驱动发展战略，加快推进以科技创新为核心的全面创新。2016 年，中共中央文献研究室编辑了《习近平关于科技创新论述摘编》一书，该书内容摘自习近平总书记 2012 年 12 月 7 日—2015 年 12 月 18 日期间的讲话、文章、贺信、批示等 50 多篇重要文献，分 8 个专题，共计 188 段论述。

在收录较早的内容（2012 年 12 月 15 日《在中央经济工作会议上的讲话》）中，习近平总书记曾表示"创新的实质效果是优胜劣汰、破旧立新"，并提出"要着力构建以企业为主体、市场为导向、产学研相结合的技术创新体系"。随后在 2013 年 3 月 4 日（《在参加全国政协十二届一次会议科协、科技界委员联组讨论时的讲话》），他又提出，面对新形势新挑战，我们必须加快从要素驱动发展为主向创新驱动发展转变，"改革开放这三十多年，我们更多依靠资源、资本、劳动力等要素投入支撑了经济快速增长和规模扩张。改革开放发展到今天，这些要素条件发生了很大变化，再要像过去那样以这些要素投入为主来发展，既没有当初那样的条件，也是资源环境难以承受的。我们必须加快从要素驱动发展为主向创新驱动发展转变，发挥科技创新的支撑引领作用。"同年 7 月 17 日（《在中国科学院考察工作时的讲话》），他再次强调："面对新形势新挑战，我们必须加快从要素驱动为主向创新驱动发展转变，发挥科技创新的支撑引领作用，推动实现有质量、有效益、可持续的发展。"他还指出："这是着眼全局、面向未来作出的重大战略调整，对我国未来发展具有十分重要的意义。"

2014 年 6 月（《在中国科学院第十七次院士大会、中国工程院第十二次院士大会上的讲话》），习近平总书记指出了自主创新的重要性："实施创新驱动发展战略，最根本的是要增强自主创新能力，最紧迫的是要破除体制机制障碍，最大限度解放和激发科技作为第一生产力所蕴藏的巨大潜能。"随后在 2014 年 8 月 18 日（《在中央财经领导小组第七次会议上的讲话》），他又点出我们实施创新驱动发展战略面临双重任务："一方面，我们要跟踪全球科技发展方向，努力赶超，力争缩小关键领域差距，形成比较优势；另一方面，我们要坚持问题导向，通过创新突破我国发展的瓶颈制约。"

党的十八大以来，习近平总书记关于科技创新的诸多重要论述进一步丰富和发展了我们党关于科技创新的思想理论，进一步丰富和发展了中国特色社会主义道路的内涵，既有深刻的思想性、战略性、系统性，又有强烈的时代性、指导性、实践性。而党的十九大则对科技创新作出了全面系统部署，对科技创新提出了新的、更高的要求。

2018 年 5 月 2 日，习近平总书记在北京大学考察时表示："重大科技创新成果是国之重器、国之利器，必须牢牢掌握在自己手上，必须依靠自力更生、自主创新。"在同年 5 月 28 日出席两院院士大会时，他又强调指出："我国广大科技工作者要把握大势、抢占先机，直面问题、迎难而上，瞄准世界科技前沿，引领科技发展方向，肩负起历史赋予的重任，勇做新时代科技创新的排头兵。"2019 年 2 月 20 日，习近平总书记在会见探月工程嫦娥四号任务参研参试人员代表时指出，伟大事业都始于梦想、基于创新、成于实干，并讲到"建设世界科技强国，不是一片坦途，唯有创新才能抢占先机"。在2020年5月29日，习近平总书记在给袁隆平、钟南山、叶培建等25位科技工作者代表的回信中又提到"创新是引领发展的第一动力，科技是战胜困难的有力武器"，并表示"希望全国科技工作者弘扬优良传统，坚定创新自信，着力攻克关键核心技术，促进产学研深度融合，勇于攀登科技高峰，为把我国建设成为世界科技强国作出新的更大的贡献"。在2020年9月11日，在科学家座谈会上，他再次强调了科学技术与创新的重要性："我国经济社会发展和民生改善比过去任何时候都更加需要科学技术解决方案，都更加需要增强创新这个第一动力。"

新时代中国特色社会主义思想是不断丰富和发展的，随着新时代科技创新事业的发展和创新驱动发展战略的深入推进，习近平总书记关于科技创新的重要论述也将进一步丰富和发展，并在新的实践中发挥更大的作用。如今，关于科技创新的重要论述已经从思想创新走向政策创新和实践创新，形成了3个相互关联的创新体系。

习近平总书记关于科技创新的重要论述指导着我国科技管理体制改革和科技创新政策制定，指引着我国科技创新的发展方向和目标，是我国科技创新的巨大推动力，开创了我国科技发展的新局面。面向新时代，面对风云变幻的国际形势，我国发展硬科技应当进一步理解和把握这一重要论述的内涵和特征，并将其作为发展硬科技的纲领性指引。

2. 硬科技发展的理论基础

2018年在北京举办的世界机器人大会上，中央政治局委员、国务院副总理刘鹤出席了开幕式并发表讲话，对从科学到技术的变革阶段，他提及了"巴斯德象限"。刘鹤副总理指出，在人口和社会结构变化、由"科"到"技"变革加快、经济发展迫切需要新的增长点的背景下，机器人发展受到广泛重视。可见，机器人领域是当前科技革命的重要领域之一。刘鹤副总理表示："在20世纪我们已有大量科学积累，而21世纪是由科学到技术加速转化的时代，需求拉动使技术进步迎来从量变到质变的飞跃。"机器人领域的发展恰好已达到知识与技术储备即将突破拐点的时期，因此机器人产业迅速发展，这说明机器人领域具有明显的"巴斯德象限"特征。

什么是"巴斯德象限"？这要从"布什范式"说起。1945年，美国科学研究发展局主任范内瓦·布什向美国时任总统罗斯福提交了一份知名的报告——《科学：没有止境的前沿》，报告中提出的关于基础科学与技术创新之间关系的观点——从基础科学到技术创新，再转化为开发、生产和经济发展的模式（后来被称为"布什范式"），成为第二次世界大战后的几十年里美国国家科学政策的基础。布什范式在极大程度上维护了科学共同体的科研自主性，对战后美国在尖端科技领域处于领先地位起到了巨大的促进作用。

但是布什范式也存在局限性，虽然作为杰出科学家和工程师的布什从未接受其理论是一维线性模型，但在实际的政策应用中，布什范式被简单地曲解为一维线性模型，其根本缺陷是它假设科学、技术间的流动是单向的，即从科学发现到技术创新。布什范式曾经在保证科学研究的独立性和争取资金支持方面起到了巨大的积极作用，但当国家重心需要从军事领域转移到经济领域时，这一描述基础科学和技术创新之间关系的范式便与实际情况产生了较大偏差，也带来了科研与经济"两张皮"的现象。这时候有人对布什范式进行了进一步的研究与思考，从而得出了现在常被提及的"巴斯德象限"。普林斯顿大学的D. E. 司托克斯教授经过长期研究，于1997年在其著作《基

础科学与技术创新：巴斯德象限》中对布什范式进行了批判性思考，提出了
四象限理论模型（见图2-1），强调了应用引发的基础研究——巴斯德象限
的重要性。

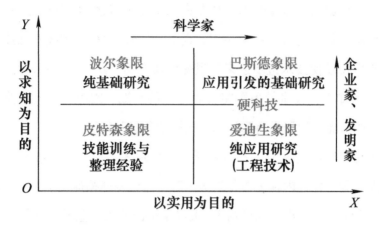

图2-1 司托克斯教授提出的四象限理论模型

司托克斯教授依据出发点的不同将科学研究分为4个象限，不同象限以
从事这类科学研究的代表科学家的名字命名。其中，只受求知需求的引导、
不受实际应用引导的科学研究属于"波尔象限"，只由实用目的引发且不寻
求对某一科学现象的全面认识的科学研究属于"爱迪生象限"，而既寻求扩
展知识边界又受到实用目的影响的科学研究属于"巴斯德象限"，注重技
能训练和整理经验的科学研究属于"皮特森象限"。从实际社会发展与生
产应用的角度考虑，"爱迪生象限"代表的实用主义应用端研究和"巴斯
德象限"代表的由应用引发的基础研究都可以推动产业发展，从而带动经
济进步。这样来看，这两个象限所体现的也正是硬科技所需要表达的——
能够支撑产业和经济发展的科学与技术都属于硬科技的研究范围。因此，
巴斯德象限的理论体系是研究硬科技创新的基础理论，硬科技的研究就处
于横跨巴斯德象限与爱迪生象限的领域之中。而对处于巴斯德象限的科学研

究的重视程度不够，也就是对硬科技研究的重视程度还不够，这也是我国被频繁"卡脖子"、高新科技产业落后的重要原因。

3. 硬科技的发展路径

近些年来，我国在基础科学领域取得了一系列重要成果，但是重大原始创新成果依然缺乏，"卡脖子"的问题依然明显存在。这意味着基础研究的源头知识供给作用没有得到充分发挥，基础研究对"卡脖子"领域科技创新的支撑不够。之所以会出现基础研究与创新之间的"鸿沟"，一个重要的原因是对技术科学思想的重视程度不够。

关于技术科学的性质与功能，我国著名科学家钱学森早在1948年和1957年就明确而系统地论述过。基于对技术科学概念的形成过程的分析，钱学森阐明了技术科学的基本性质——它以自然科学为基础，但不是自然科学本身，它是工程技术的理论升华，但也不是工程技术本身。"它是从自然科学和工程技术的相互结合中产生出来的，是为工程技术服务的。"钱学森指出，"为了不断地改进生产方法，我们需要自然科学、技术科学和工程技术三个部门同时并进，相互影响，相互提携，决不能有一面偏废。同时，我们也必须承认这三个领域的分野不是很明晰的，它们之间有交错的地方。"对自然科学来说，它通常不会直接带来经济价值，因此是社会性质的公共知识，属于人类共同发展范畴的底层积累。但技术科学和工程技术都能够直接产生经济价值或重大国家价值，因此都会以专利或技术保密等形式使用，"两弹一星"、航空发动机、高端芯片等都属于这一类。

由于技术科学在现代科学技术体系中具有独特的地位，因此重视和发展技术科学对于国家的自主技术创新具有重大的战略意义。钱学森关于科学和技术互动关系的技术科学思想超越了前文提及的布什范式，与司托克斯教授提出的巴斯德象限有异曲同工之妙，被原国务委员张劲夫称为"技术科学的强国之道"。司托克斯提出的巴斯德象限与钱学森的技术科学思想均可作为硬科技的理论研究基础，二者均为硬科技的发展指明了前进道路。同时，硬科技也将始终坚持"四个面向"——面向世界科技前沿、面向经济主战场、面向国家重大需求、面向人民生命健康。

硬科技的研究对象多是涉及国家利益和安全问题的，硬科技的发展水平关系到涉及国计民生的重要领域、关系到硬科技企业的存活状态和保持长久核心竞争力的可能性，而这些问题很多都来自具有具体应用场景和明确应用目的的领域。基于钱学森的技术科学思想，将技术科学纳入供给侧并作为重要的知识供给来源，改变了以往直接将基础科学研究作为科技创新供给侧的理念。这使得知识供给距离更短、与企业和市场的需求更接近，能够实现知识供应链到产业供应链的快速、有效对接，这是硬科技发展壮大的核心路径。

4. 硬科技理论的诞生

硬科技是在充分吸收布什范式、巴斯德象限理论、钱学森的技术科学思想等的精髓，立足全球创新最新发展形势和我国科技发展现状的基础上，独立形成的新的科技理论体系，是对布什范式、巴斯德象限理论的中国化和对钱学森的技术科学思想的升级和完善，也是全球科技理论与时俱进的结晶。

长期以来，我国的科学研究和知识创造主要依托高校和科研院所，借鉴了前述美国布什范式中的从科学发现到技术创新的线性模式，即基础研究、应用研究以及产业化这三步。不可否认的是，我国的科研水平得到了显著提高，但同时也使高校、科研院所的关注点始终聚集在产业链前端，在一定程度上忽略了产业化需求，导致出现"重科研论文而轻市场应用"的现象。如今大多数的研究成果与市场需求脱节，难以实现产业化应用，使我国长期面临科研与产业化"两张皮"的问题。不过，现阶段我国部分省市进行的创新实践行动已经打破了传统布什范式的束缚，出现了诸多研发与转化一体化的政策措施。

硬科技理论从科学与技术的演进规律切入，对科学与技术的各自起源、内在互动关系和内涵演进历程进行了深入分析，认为科学与技术自诞生以来，在漫长的发展时期内，沿着两条平行脉络各自发展与壮大。其中科学主要在人类探索求知欲望的驱动下不断丰富与完善，科学并不直接产生经济价值，而是作为人类公共知识产品，不断提升人类对世界的认知水平。技术与科学相反，在人类早期的生产实践过程中，聚焦生产效率的提升，面向直接经济效益，但是早期技术主要是以实践经验为基础的，没有科学理论支撑，是"知其然而不知其所以然"的技术，对经济增长的促进作用有限。科学与技术融合发展源自工业革命时期，这个时期科学与技术融为一体，催生了现代意义上的"科技"，科学开始关注和面向经济生产，而技术也是科学原理延伸下的技术，两者的融合成为世界出现变革性发展和经济呈现指数级增长的核心驱动力。

基于上述分析研究，硬科技构建了自身理论的内核。硬科技理论认为只有科学与技术相互融合，才能开始真正发挥对世界变革的支撑性作用。硬科技是科学与技术相互融合最直观的体现。硬科技涵盖科学与技术两端，那些面向经济主战场和产业变革的科学，以及那些由科学原理支撑形成的技术，都属于硬科技的范畴。因此，硬科技包含科学，但不是纯粹以求知为目的的科学。硬科技包含技术，但不是完全依靠经验积累形成的技术，而是从科学原理演进而来的技术。如图 2-2 所示，硬科技是科研与产业的融合体，是围绕产业链部署创新链和围绕创新链布局产业链的中间环节和纽带，最终用于解决人类社会重大问题，在面向一个国家的重大需求、产业和经济的进步时，硬科技对增进人类福祉能产生实实在在的影响。

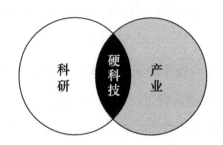

图 2-2　硬科技是科研与产业的融合体

1995 年，美国国家航空航天局发布了《技术成熟度白皮书》，从科学原理出发到最终形成产业，将技术划分为 9 个等级。硬科技理论认为这 9 个等级是一个紧密衔接的完整统一体，其中 1 ~ 3 级属于科研范畴，7 ~ 9 级属于产业范畴，4 ~ 6 级属于转化范畴。由于我国 4 ~ 6 级技术的缺失，科技成果难以向实际应用转化，更难以形成规模性市场，于是在科技与经济之间形成了一个"死亡之谷"（如图 2-3 所示），而硬科技聚焦 4 ~ 6 级，是连接科技与经济的桥梁，能够推动科技向现实生产力转化，促进经济的进步。

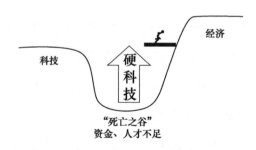

图 2-3　硬科技能够填平科技与经济之间的"死亡之谷"

与传统的先研发再转化的布什范式不同，硬科技强调基础性研发与商业化应用研发齐头并进，在面向市场的同时，要牢牢把握住技术科学和基础科学两大知识供给来源。硬科技具有明确的市场需求导向，所以在科研立项的初期，就具有明确的产业化应用目标及相关配套的思考，因此硬科技一旦发展壮大，对国家经济取得变革式发展和进步具有很强的带动能力。此外，硬科技理论中非常重视的一点，就是在研发过程中，科学家与企业家要高度配合，并且需要持续投入的风险资本来给予相应支持。这个思路与硬科技企业的创业特点高度一致。

因此，以巴斯德象限与钱学森的技术科学思想为基础的硬科技，是结合全球创新趋势和中国科技发展现状而形成的全新科技创新理论体系。马克思哲学中提到生产关系一定要适应生产力的发展，所以随着我国综合国力的不断发展提高，诸多传统的科技理论需要与时俱进地优化改善，硬科技正符合发展的正确方向。

二、内涵与特点

"硬"字的特殊内涵在于它的支撑性，硬科技一定要对产业创新和经济发展起关键性的支撑作用。中央政治局委员、国务院副总理刘鹤于2020年11月25日在《人民日报》刊发的署名文章《加快构建以国内大循环为主体、国内国际双循环相互促进的新发展格局》中指出："构建新发展格局，关键在于实现经济循环流转和产业关联畅通。根本要求是提升供给体系的创新力和关联性，解决各类'卡脖子'和瓶颈问题，畅通国民经济循环。"

这意味着将科技创新、实体经济和现代金融三者良好地结合，是推动我国经济实现高质量发展、构建"双循环"发展新格局的关键。刘鹤副总理还在这一解读中指出，"金融是实体经济的血脉。坚持以服务实体经济为方向，对金融体系进行结构性调整"。从某种意义上说，硬科技便是实体经济的"筋骨"所在，如同大树的根脉与主干、大楼的地基与钢筋一般，对实体产业与经济发展起到关键的支撑作用。

当代"硬科技"概念是汲取我国关键核心技术创新与自主创新的精华发展而来的，是指事关国家战略安全和综合国力，能够驱动世界经济社会变革的重点产业链上的关键共性技术。在国家经济"脱虚向实"的过程中，需要强调科技创新的力量，我们一定要有自己的核心技术。只有科技"自主可控"，经济才是可持续的，发展才是健康的。

要提升硬科技的价值，首先就要理解科技创新在高质量发展中的重要驱动作用，并且要理解发展硬科技不是一件短期的、急功近利的事情。现阶段的硬科技拥有以下六大属性。

- 战略性，是指硬科技事关国家战略安全，是实现科技自立自强的核心，也是构建新发展格局的关键；其关乎我国重点产业链的"自主可控"及高水平供给能力，是保障国家经济安全、国防安全和其他安全的根本。

- 原创性，是指硬科技具有超前性，既有"从 0 到 1"的科学发现与应用，也有对基础科学延续性的原创提高，表示硬科技需要长期研发、持续积累，是"要不来、买不来、讨不来的关键核心技术"。

- 关键性，表示硬科技所提供的科技创新能力可以解决大部分经济社会问题，加强关键核心技术攻关，能够解决"卡脖子"的堵点和梗阻，为畅通国内大循环扫除创新障碍。

- 引领性，是指硬科技将引领全球新一轮科技革命和产业变革，以科技创新带动"未来产业"的发展，提早布局战略新兴产业链，推动国家的产业技术进步、支撑和引领国家的社会经济进步。

- 基石性，强调硬科技是科技发展的底层技术、源头技术和根本技术，也是支撑应用端优化提高的科学技术基础与精密制造工艺，对产业的发展和变革起到基石和支撑的作用，可以在多个产业领域得到广泛应用。

- 时代性，是指硬科技创新带来的变革通常具有颠覆性，会推翻过去的认知并开拓全新的领域，有着门槛高、不易复制的特点。硬科技在一个时代具有引领意义并随着时代的不同而动态变化。每个时代都有其代表性的硬科技。

从硬科技的特点可以看出，硬科技是基于基础科学而研发的核心技术，更具备应用性和真实性，与基于互联网的商业模式的创新不同，更多地基于人们生活的物理世界，以服务社会、促进实体经济升级和转型为目的，是推动一个国家产业发展的原动力。

除了外在属性，硬科技还具有其内在的"硬"精神，着重强调了一种理念、一种精神——"勇担使命、敢为人先、啃硬骨头、十年磨剑"。它代表了一种国家与民族的责任感，蕴含着像"两弹一星"功勋这样的科技工作者所拥有的科学工匠精神。硬科技将科技工作者的人生追求、科技企业的发展前途，同建设科技强国的梦想紧密连接在一起。"硬科技"概念中的这种特性可被概括为"硬"本质，即"志气硬、技术硬、实力硬和精神硬"。曾任陕西西咸新区党工委委员、管委会副主任的王飞对这4个"硬"的含义做了如下的进一步丰富。

- 志气硬：承载国家使命，世界科技强国。
- 技术硬：极高技术壁垒，尊重自主创新。
- 实力硬：勇攀科技高峰，世界单项冠军。
- 精神硬：科研工匠精神，专注坚守笃行。

1. 勇担使命，志气硬

在我国发展新的历史起点上，科技创新已经被摆在更加重要的位置。将我国建设成世界科技强国，已成为新一代科技工作者的伟大历史使命。广大科研人员要秉承"科学报国"的家国情怀，将自己的梦想与"中国梦"融为一体，心系国家命运，勇担报国重任，以积极有为、敢于创新的科学态度面对新形势、新挑战，一往无前，充分发动科技创新的强大引擎，为建设创新型国家和世界科技强国添砖加瓦，为实现中华民族伟大复兴的中国梦提供强有力的科技支撑。从历史上看，"两弹一星"的研制成功是中华民族为之自豪的伟大成就。1999 年 9 月 18 日，在新中国成立 50 周年之际，中共中央、国务院、中央军委隆重表彰为我国"两弹一星"事业作出突出贡献的 23 位科技专家，并授予他们"两弹一星功勋奖章"。他们放弃了许多唾手可得的优越环境和条件，担负起了国家与民族的使命；他们是中华人民共和国的功臣，是老一辈科技工作者的杰出代表，也是如今硬科技工作者的光辉榜样。

"硬"代表着一种承载国家使命，敢于挑战世界科技高峰的志气和魄力。建设世界科技强国，需要有标志性的科技成就，要在关键领域、"卡脖子"的地方下大功夫，这要求每一位科技创新者拥有攀登科技高峰、攻关核心技术的志气，为实现中华民族伟大复兴的中国梦而谋划与拼搏，真正让自己所在的领域达到世界领先水平。

2. 敢为人先，技术硬

创新决定未来，要敢下先手棋、善打主动仗。与发达国家相比，我国科技创新的基础还不牢固，创新水平还存在明显差距。面对新一轮的国际科技竞争，当代的科技创新一方面要聚焦于核心技术受制于人的领域，解决"卡脖子"问题；另一方面要聚焦于事关长远发展、可能催生变革性技术和产业的战略必争领域，占据新的科技制高点，成为新兴方向的领跑者与开拓者。因此，广大科技工作者要心怀"敢为天下先"的雄心壮志，开拓"会当凌绝顶"的战略视野，勇立潮头、锐意进取，创造引领世界潮流的成果，这样中国科技才能真正实现从"跟跑""并跑"到"领跑"的跨越，才能屹立于世界民族之林，掌握话语权和自主权。世界历史上的大国崛起，都是抓住了新兴革命性技术"为人先"的机会，如英国由机械化革命带来的产业变革，让社会生产力得到了巨大提升，并逐步转化为经济优势、军事优势；又如美国抓住了 20 世纪的"未来产业"——电子信息产业，从而成为目前世界综合实力最强的国家。

硬科技的"硬"代表着国家的先进水平，是国家科技实力的体现，是能够直接参与全球科技竞争、服务实体经济、推动中国经济高质量发展的根本动力。当前，以人工智能、量子信息、物联网为代表的信息技术加速突破，应用也越来越广泛，深刻影响着人类的工作和生活；以基因编辑、脑科学、合成生物学为代表的生命科学领域，正孕育着新的变革；融合机器人、数字化、新材料的先进制造技术，推动制造业向智能化、绿色化转变；空间和海洋技术，正不断拓展着人类生存发展的新疆域。硬科技正深刻地推动着我国经济的高质量发展，硬科技企业正代表国家参与全球科技竞争。

3. 啃硬骨头，实力硬

硬科技是国之重器。近年来，我国科技创新成果层出不穷，但也必须认识到关键核心技术仍有短板。如果不主动去啃硬骨头、不主动自主创新，就会始终处于被动、跟随的落后状态，被别人卡住脖子。我国的发展还面临重大科技瓶颈，关键领域核心技术受制于人的格局没有从根本上得到改变，科技基础仍然薄弱，科技创新能力特别是原始创新能力还有很大差距。因此，切实提高我国关键核心技术的创新能力，培育能打硬仗、打胜仗的科技力量已刻不容缓。在科技创新大潮之中，广大科技工作者要敢于啃硬骨头，敢于"涉险滩、闯难关"，以"踏石留印、抓铁有痕"的韧劲，瞄准世界科技前沿，迎难而上，勇做新时代科技创新的"排头兵"。从国内发展态势来看，一段时间以来，人们的目光主要都集中在互联网业态模式创新上，因为挣钱更为快速且容易。但是，如今业态模式创新早已不能从真正意义上驱动国家经济的高质量发展，只有去啃硬骨头，将更多的精力投入科技与应用的创新之中，才是强国之根本。

硬科技的"硬"代表着极高的技术壁垒，即关键核心技术。过去 40 余年我国的发展历史已经证明，关键核心技术是要不来、买不来、讨不来的。广大科技工作者就是要瞄准事关人民生活与社会发展进步的重大科技难题，敢于大胆尝试、不断取得突破、持续形成高精尖原创技术，从而填补国内技术空白、打破国外技术垄断封锁，为我国在科技领域实现跨越式发展提供支撑。此外，中国也需要有更多的硬科技企业，立志挑战世界"单项冠军"，秉持精益求精、积极开拓的精神，敢于在关键核心领域下大功夫，挑战世界级难题，助力我国实现建设成为世界科技强国的目标。

4．十年磨剑，精神硬

实现建设成为世界科技强国的目标，就要做好打"持久战"的准备。原创性研究和关键核心技术攻关，都具有周期长、风险高和不确定性大等特点，这要求科研人员必须静下心来，以"十年磨一剑"的心态和"咬定青山不放松"的定力，心无旁骛地进行长期攻关，认准方向并持之以恒地去探索。取得重大原创成果、高质量技术成果，是不可能一蹴而就的。参考 2018 年的国家自然科学奖、技术发明奖和科学技术进步奖这三大奖的获奖项目，从立项到成果发表或应用，科研人员平均要坐 11 年的"冷板凳"，甚至有些项目经历了超过 20 年的积累和攻关。

硬科技的"硬"代表着敢于"死磕"、长期专注、坚守笃行、不断追求极致和卓越的精神。只有具备这种"板凳要坐十年冷"、不达目的不罢休的精神，精益求精，才能研发出硬科技技术。挖掘和培养具备这种精神的人才，是真正发展硬科技的源泉。创新之道，唯在得人。当今，我国有着大量埋头苦干的科技工作者，未来中国的繁荣富强和崛起更需要尊重和发扬硬科技精神，创新引才、用才、留才机制，形成"天下英才聚神州，万类霜天竞自由"的创新局面。

三、硬科技企业评价建议

根据调研分析，初步认为硬科技企业是指在重点产业领域掌握关键基础技术、研发能力突出、市场竞争力强、主要产品（服务）对产业链供应链具有关键支撑作用的科技型企业。

2019年11月，习近平总书记在上海考察时，对科创板提出了"支持和鼓励'硬科技'企业上市"的明确定位和要求。2020年3月，证监会在总结前期审核注册实践的基础上，会同有关部委认真研究论证，出台了《科创属性评价指引（试行）》。从一年来制度运行的效果看，科创属性评价指标体系的推出，增强了审核注册标准的客观性、透明度和可操作性，为科创板集聚优质科创企业发挥了重要作用。目前科创板上市公司已超过250家，涵盖了集成电路、生物医药、新材料、高端制造等领域，其中高新技术企业占比达到94%。2019年的年报显示，科创板上市公司平均研发投入占比为12%、平均研发投入金额为1.17亿元，平均发明专利75项，均显著高于其他市场板块，未盈利企业、红筹企业、特殊股权结构企业等先后实现上市，科创板硬科技的"成色"和市场包容性逐步显现。但是，科创板申报和在审企业中也有少数企业存在核心技术缺乏、科技创新能力不足、市场认可度不高等问题，需要结合科技创新和注册制改革实践，进一步研究完善。

针对试点一年多来发现的问题和收到的建议，2021年4月，证监会新修订了《科创属性评价指引（试行）》，推动科创板进一步聚焦"硬科技"定位，扎实推进试点注册制和关键制度创新，支持硬科技企业上市发展。此次对《科创属性评价指引（试行）》的修订旨在更好地发现和评价硬科技企业，突出和强化支持硬科技的核心目标，进一步丰富科创属性评价指标并强化综合研判，压实中介机构责任，强化对制度规则执行情况的监督检查，从源头上提高科创板上市公司质量。

根据证监会发布的修订说明，此次科创属性评价指标体系修改，是科创板一项重要制度调整，涉及对《科创属性评价指引（试行）》以及交易所相关审核规则的修改。具体包括以下方面：一是新增研发人员占比超过 10% 的常规指标，以充分体现科技人才在创新中的核心作用，修改后将形成"4+5"的科创属性评价指标；二是按照支持类、限制类、禁止类分类界定科创板行业领域，建立负面清单制度；三是在咨询委工作规则中，完善专家库和征求意见制度，形成监管合力；四是交易所在发行上市审核中，按照实质重于形式的原则，重点关注发行人的自我评估是否客观，保荐机构对科创属性的核查把关是否充分，并作出综合判断。科创属性评价指标体系的进一步完善，是坚守科创板硬科技定位的具体体现，将有利于保障科创板持续健康发展，有利于更好地服务国家科技创新战略，有利于推动经济高质量发展。

以下为新修订的《科创属性评价指引（试行）》。

为落实科创板定位，支持和鼓励硬科技企业在科创板上市，根据《关于在上海证券交易所设立科创板并试点注册制的实施意见》和《科创板首次公开发行股票注册管理办法（试行）》，制定本指引。

一、支持和鼓励科创板定位规定的相关行业领域中，同时符合下列 4 项指标的企业申报科创板上市：

（1）最近三年研发投入占营业收入比例 5% 以上，或最近三年研发投入金额累计在 6000 万元以上；

（2）研发人员占当年员工总数的比例不低于 10%；

（3）形成主营业务收入的发明专利 5 项以上；

（4）最近三年营业收入复合增长率达到 20%，或最近一年营业收入金额达到 3 亿元。

采用《上海证券交易所科创板股票发行上市审核规则》第二十二条第（五）款规定的上市标准申报科创板的企业可不适用上述第（4）项指标中关于"营业收入"的规定；软件行业不适用上

述第（3）项指标的要求，研发投入占比应在 10% 以上。

二、支持和鼓励科创板定位规定的相关行业领域中，虽未达到前述指标，但符合下列情形之一的企业申报科创板上市：

（1）发行人拥有的核心技术经国家主管部门认定具有国际领先、引领作用或者对于国家战略具有重大意义；

（2）发行人作为主要参与单位或者发行人的核心技术人员作为主要参与人员，获得国家科技进步奖、国家自然科学奖、国家技术发明奖，并将相关技术运用于公司主营业务；

（3）发行人独立或者牵头承担与主营业务和核心技术相关的国家重大科技专项项目；

（4）发行人依靠核心技术形成的主要产品（服务），属于国家鼓励、支持和推动的关键设备、关键产品、关键零部件、关键材料等，并实现了进口替代；

（5）形成核心技术和主营业务收入的发明专利（含国防专利）合计 50 项以上。

三、限制金融科技、模式创新企业在科创板上市，禁止房地产和主要从事金融、投资类业务的企业在科创板上市。

四、上海证券交易所就落实本指引制定具体业务规则。

2021 年 4 月，上海证券交易所修订发布《科创板企业发行上市申报及推荐暂行规定》，明确提出"科创板优先支持符合国家科技创新战略、拥有关键核心技术等先进技术、科技创新能力突出、科技成果转化能力突出、行业地位突出或者市场认可度高等的科技创新企业发行上市"。对申报科创板发行上市的发行人所属领域进行了细化规定，更加突出了硬科技特征：

（1）新一代信息技术领域，主要包括半导体和集成电路、电子信息、下一代信息网络、人工智能、大数据、云计算、软件、互联网、物联网和智能硬件等；

（2）高端装备领域，主要包括智能制造、航空航天、先进轨道交通、海洋工程装备及相关服务等；

（3）新材料领域，主要包括先进钢铁材料、先进有色金属材料、先进石化化工新材料、先进无机非金属材料、高性能复合材料、前沿新材料及相关服务等；

（4）新能源领域，主要包括先进核电、大型风电、高效光电光热、高效储能及相关服务等；

（5）节能环保领域，主要包括高效节能产品及设备、先进环保技术装备、先进环保产品、资源循环利用、新能源汽车整车、新能源汽车关键零部件、动力电池及相关服务等；

（6）生物医药领域，主要包括生物制品、高端化学药、高端医疗设备与器械及相关服务等；

（7）符合科创板定位的其他领域。

明确限制金融科技、模式创新企业在科创板发行上市；禁止房地产和主要从事金融、投资类业务的企业在科创板发行上市。

在《科创属性评价指引（试行）》的基础上，上海证券交易所增加了对硬科技企业的研发人员占比的规定，要求企业在符合领域方向的基础上，还须符合下列4项指标：

（1）最近3年累计研发投入占最近3年累计营业收入比例5%以上，或者最近3年研发投入金额累计在6000万元以上；其中，软件企业最近3年累计研发投入占最近3年累计营业收入比例10%以上；

（2）研发人员占当年员工总数的比例不低于10%；

（3）形成主营业务收入的发明专利（含国防专利）5 项以上，软件企业除外；

（4）最近 3 年营业收入复合增长率达到 20%，或者最近一年营业收入金额达到 3 亿元。

新修订的《科创属性评价指引（试行）》和《科创板企业发行上市申报及推荐暂行规定》较好地概括了硬科技企业的特征，相关量化指标较为科学和完善。然而，目前给出的产业领域仍然较为宽泛和"粗线条"，如何评价企业的核心技术是否属于硬科技范畴，如何判断企业所从事的技术研发活动是否具有国家战略意义仍然是一项具有挑战性的工作。为此，我们经过深入调研分析，初步梳理形成了包含 21 个关键产品的第一版《硬科技技术目录》，通过定性与定量相结合的方法来评价硬科技企业。首先，根据《硬科技技术目录》来定性分析企业的关键核心技术是否属于硬科技领域，然后再来定量判断企业的其他创新指标是否达到一定强度条件。此外，对硬科技企业的评价还应具有一定的通用性，充分考虑不同产业、不同区域以及不同规模企业的实际情况。关键性指标要具有可操作性，计量和统计的口径要有一致性，数据来源可合法合规查询，这样才便于获取并进行判断。最后应注意，鉴于硬科技具有时代性特征，对硬科技企业的评价也应根据国家战略需求和产业发展实际的变化，适时地进行修订完善。

结合科创板的企业科创属性评价，经研究提出硬科技企业评价建议如下：

- 应在中华人民共和国境内注册成立 3 年以上；
- 主要产品（服务）的核心技术属于《硬科技技术目录》（详见附录一）范围，且主要产品（服务）的核心指标基本达到进口替代水平；
- 最近 3 年累计研发投入占最近 3 年累计营业收入比例达到 8% 以上，或者最近 3 年研发投入金额累计在 6000 万元以上；其中，软件企业最近3年累计研发投入占最近3年累计营业收入比例达到15%以上；

- 研发人员占当年员工总数的比例不低于10%；
- 形成主营业务收入的发明专利（含国防专利）达到5项以上，软件企业除外；
- 最近3年营业收入复合增长率达到20%，或者最近一年营业收入金额达到3亿元；
- 上一年研发费用加计扣除所得税减免额占减免税总额的比例超过40%；
- 上一年高新技术产品收入占营业收入的比例超过60%；
- 在申请评价前一年内未发生重大安全、重大质量事故或严重违法行为。

四、硬科技产业的概念与范畴

硬科技产业的形成，一方面贴合布什范式的发展路线，从科学发现到硬科技的技术创新，再转化形成硬科技企业，逐步辐射构建成拥有完整产业链的硬科技产业形态；另一方面，则是以巴斯德象限与钱学森的技术科学思想为依据，借助从现有科技产业与工程技术的需求或创新中脱颖而出的全新硬科技技术，形成硬科技产业链条。

为了更好地理解硬科技产业的概念与范畴，首先可以将其与高新技术产业进行对比。高新技术产业是以高新技术为基础，从事一种或多种高新技术及其产品的研究、开发、生产和技术服务的企业集合，是知识密集、技术密集型产业。产品的主导技术必须属于高科技（高新技术）领域，而且必须包括高科技领域中处于技术前沿的工艺或技术突破。这样来看，高新技术产业通常是根据产业的技术密集度与复杂程度来衡量的。依照统计局的统计口径，我国高新技术产业的统计范围包括航天航空器制造业、电子及通信设备制造业、电子计算机及办公设备制造业、医药制造业和医疗设备及仪器仪表制造业等行业。

而硬科技产业相比高新技术产业来说，其覆盖的技术范围更为广泛且技术门槛相对更高。硬科技产业是根植于物质、能量、信息、空间和生命五大元素的硬科技集群。当前，物质部分主要包括高端数控机床、3D打印及原材料等；能量部分主要包括燃料电池、全固态电池等；信息部分主要包括芯片、光刻机、基础软件、工业软件、5G基站和终端、智能光传感器、高端能量激光器等；空间部分主要包括自动驾驶汽车、火箭、卫星、大飞机、航空发动机等；生命部分则主要包括化学与生物创新药、医疗诊断与影像设备、先进治疗设备与器械等。随着时代的发展，硬科技的这些产业领域也是动态调整的。这些领域都需要长期的研发投入和持续不断的技术积累，具有极高的技术门槛和技术壁垒，这种具有难以被复制和模仿特点的硬科技集群构成了硬科技领域的产业范围。

五、硬科技的演进历程

硬科技作为我国原创的概念被提出之后，经历了概念的萌芽、内涵的丰富和发展、上升为国家话语体系这3个阶段，目前已经成为我国创新驱动发展的重要支撑力量。

1. 硬科技概念的萌芽（2010—2016 年）

硬科技的概念诞生于 2010 年，由本书作者之一米磊博士提出。作为中科院的科技工作者，米磊熟知中科院每年都会产生大量优秀的科研成果，但是这些科研成果并没有很好地转化成生产力，获得具体的工程化应用。经过深入研究，米磊发现国内科研成果转化效果不佳，迫切需要既懂技术又有耐心的投资人来更好地将科学技术和商业应用衔接在一起，并且这些投资人要愿意尊重硬科技企业的发展周期，能够坚持陪伴硬科技企业成长。于是，他萌生了发展硬科技的想法，立志推动和探索硬科技概念，期望引导社会公众聚焦硬科技成果转化。

随后，硬科技从最初萌生时尚不成熟完善的想法，慢慢发展到定义、内涵和本质逐渐清晰，逐步升级成为内容丰富的理论体系。2016 年，在中科院"十二五"科技成果展上，李克强总理在视察属于西安光机所的中科创星展台时，米磊博士向总理解释了硬科技的概念。李克强总理听完后表示："硬科技就是比高科技还要高的技术，这个说法很有趣，我记住了。"

2. 硬科技内涵的丰富和发展（2017—2018 年）

硬科技经过 6 年的萌芽和孕育，在 2017—2018 年这两年间得到了大力推广，影响范围不断扩大。随着其理念的不断推广与发展，硬科技在全国各地相继被提及，同时也在资本市场中引发了极高的热度。硬科技的概念在西安被首次提出，西安作为"硬科技之都"，已连续举办了 4 届全球硬科技创新大会，将硬科技快速推向全国乃至世界。

在国内，从北京到杭州，再至广州、深圳等城市，硬科技的概念已在全国流行起来。无论是从地方政府到国家层面，还是从资本界到学术界，大家都在鼓励发展硬科技，硬科技吸引了社会与媒体的极大关注。

2018 年 12 月 6 日，李克强总理在主持召开国家科技领导小组第一次全体会议时强调，深化改革更大激发社会创造力，更好发挥科技创新对发展的支撑引领作用，并提出"引导企业和社会增加投入，突出'硬科技'研究，努力取得更多原创成果"。

3. 硬科技上升为国家话语体系（2019 年至今）

2019 年 11 月，习近平总书记在上海考察时，讲到"支持和鼓励'硬科技'企业上市"，进一步肯定了硬科技的概念，并为硬科技的发展指明了方向。硬科技受到了国家领导人的高度关注，官方媒体与各大智库机构等纷纷着手研究硬科技，并呼吁各级政府和社会大众聚焦硬科技。硬科技的概念从西部走向全国，上升为国家话语体系。

硬科技与科创板也因此建立了密切联系。科创板首批上市的 25 家企业共涉及 7 个行业，与硬科技重点覆盖的几大领域方向基本一致。可以说，符合硬科技概念的企业就是满足科创板对其上市企业遴选要求的企业，只有真正的硬科技企业才能登上科创板。上海证券交易所党委在 2020 年 11 月 12 日召开专题会指出，坚守科创板定位，发挥科创板在集成电路、生物医药、高端装备制造等领域的集聚效应和示范效应，支持和鼓励更多"硬科技"企业上市，更好发挥科技创新策源功能，在推动科技、资本和实体经济高水平循环方面展现更大担当和作为。

科技部始终关注和重视硬科技的发展，科技部部长王志刚多次批示"高新区要成为硬科技聚集地、策源地，部内相关规划、指南要把硬科技作为重点""要进一步明确硬科技及科技创新链条中'硬环节'的内涵"等。根据科技部领导指示，科技部火炬中心于 2019 年 10 月 16 日在北京召开硬科技发展工作座谈会，北京市科学技术委员会、西安市科技局、上海张江高新区管委会、西安高新区管委会等管理部门的相关负责人及国务院发展研究中心、清华大学、中科院战略咨询研究院、中科院西安光机所、华为、腾讯等高端智库、研究机构及企业的专家学者齐聚北京，共同研究如何推进我国硬科技发展。2020 年 11 月 24 日，科技部火炬中心在西安召开硬科技创新示范区建设规划咨询论证会，多名院士及业界专家咨询论证了西安高新区《创建硬科技创新示范区建设规划（2020—2023 年）》，最终一致认为该规划符合国家战略要求，符合当前我国推动创新链与产业链深度融合的需求，也符合科技部推动硬科技发展的部署要求。科技部火炬中心也将一如既往地支持在国家高新区创建硬科技发展示范区，努力为满足国家战略需求、实现科技自强自立、真正解决"卡脖子"问题贡献更大的力量。

硬科技

第三章

硬科技发展的现状与趋势

全球新一轮科技革命和产业变革蓄势待发，硬科技已经在这一轮产业革命大潮中崭露头角。本章将从国内外视角研究硬科技发展的现状及形势，重点从高新技术企业和技术合同登记情况分析我国硬科技重点产业领域的发展情况。在深入分析的基础上提出当前发展硬科技面临的挑战和新趋势，为我国发展硬科技、培育硬科技企业、做强硬科技产业提供有力支撑。

一、国内外硬科技的发展概况

面对当前世界百年未有之大变局，在每一个更迭的临界点上，我国都面临着极大的机遇和挑战。要想在此次历史性的交汇期"抢滩"成功，发展硬科技是关键。2018 年 5 月，在两院院士大会上，习近平总书记指出，"科学技术从来没有像今天这样深刻影响着国家前途命运，从来没有像今天这样深刻影响着人民生活福祉"。当前我国正处在建设创新型国家的关键期，必须尽快打破对传统科技创新路径的依赖，下大力气发展硬科技，加快科技创新战略转型，从模仿、跟随到引领，从引进、模仿、升级至集成、整合和原创，从以"需求引致的科技创新路径"为主，补弱增强，向"以基础研究和核心技术供给路径为主，以需求引致的路径为辅的新型双引擎整合式创新强国路径"彻底转型，实现科技创新动力模型和经济社会发展驱动模式的转型升级。

从全球硬科技的发展情况来看，发达国家在高端装备制造和高技术装备领域的激烈竞争态势将持续，传统工业强国仍是智能制造的领军者。关键材料产品日新月异，产业升级换代步伐加快，信息基础材料的需求不断攀升，高端装备制造的支撑材料已经成为新材料产业发展的核心关键。煤炭依然是很多国家的主体能源，天然气水合物未来将持续受到关注，核电技术已经从以第二代核电为主进入第三代核电升级转型、第四代核电技术研发与堆型示范应用的阶段。国际节能环保产业已经步入技术成熟期，产业发展重点由最初的末端治理转为当前的源头削减，已经成为发达国家的国民经济支柱产业之一。新能源汽车实现逆市增长，电动化、智能化、网联化、共享化加速融合发展。新能源汽车技术研发高度活跃，配套基础设施及服务平台快速发展，新型充电技术成为研究热点。移动互联网与数字技术的快速发展，驱动了数字创意产业的爆发式增长。人工智能、大数据、云计算、虚拟现实、超级感知等新一代科技革命将数字创意产业推升至新高度。

总体来看，全球硬科技产业规模在过去几年平稳上升。根据中泰证券测算，截至 2018 年，全球硬科技产业的市场规模至少在 7.4 万亿美元，同比增速 8.3%，在 2014—2018 年期间的复合年增长率为 8.2%。其中，人工智能在各领域中同比增速最快，达到 50% 以上，2018 年市场规模近 555 亿美元；目前新材料在各领域中规模最大，超过 2.5 万亿美元，同比增速超过 10%。

在我国，硬科技大量聚集在战略性新兴产业和高新技术产业的底层技术之中。近年来，我国硬科技技术创新带动硬科技产业发展取得显著进展，已经在高温超导、纳米材料、量子通信等基础科学领域，超级杂交水稻、高性能计算机等前沿技术领域，载人航天、高速铁路、5G 通信技术、人工智能应用等重大工程领域取得了一系列具有世界影响力的重大成果，一些重要领域和前沿方向开始进入并行、领跑阶段，正处于从量的积累向质的飞跃、从点的突破向系统能力的提升转变的重要时期。我国 5G 产业已建立竞争优势，我国声明的标准必要专利在全球占比超过 30%。未来，在无人驾驶、机器人、虚拟现实、智能交通、远程控制、物联网、环境监测、3D 打印等领域，5G 将发挥无可替代的作用，持续驱动我国工业互联网产业的全面升级和高速发展。其中，新一代信息技术产业发展迅速，信息技术与传统产业深度融合，不断催生出新产品、新业态。特别是 "5G+AI" 将开启我国重大产业创新的周期，带动我国在智能产业发展方面取得领先优势。生物产业正处于生物技术大规模产业化的起始阶段，2020 年前后进入了快速发展期，有望逐步成为世界经济中新的主导产业之一。智能制造培育新动能是全球产业变革的重要方向。

从国内推动硬科技发展的实践来看，各地相继集中精力支持硬科技发展。典型代表如中关村国家自主创新示范区硬科技孵化器，营造硬科技创业环境；西安高新区启动创建硬科技创新示范区，作为推动区域高质量发展的战略选择，在硬科技创新方面先行一步，为全国高新区推进高质量发展的探索起到表率示范作用；广东成立了广东粤港澳大湾区硬科技创新研究院，重点围绕商业航天、光电芯片、激光制造等硬科技领域，引进高层次创新创业人才，进行技术研发攻关，推进科技成果转移转化，助力粤港澳大湾区不断创新、实现高质量发展。其他各地纷纷出台举措，促进硬科技引领产业发展，建立完善的创新生态体系，增强自主创新驱动力，加大投入力度，优化硬科技发展软环境，支持国家重大项目，强化硬科技企业培育，推动硬科技成果产业化。

从国内上市公司的角度来看，截至 2018 年，A 股市场中主营业务涉及硬科技相关产业的企业多达 825 家，总市值约为 12 万亿元，占 A 股总市值的 20%。2018 年 11 月 5 日，习近平总书记在首届中国国际进口博览会的开幕式上宣布设立科创板并试点注册制。此后，大量硬科技企业实现上市，这进一步夯实了我国科技发展的根基，提高了资源配置效率，优化了金融结构，带动了全社会资源向科技创新倾斜。截至 2020 年 12 月 7 日，科创板已有 200 家公司上市，相较 4 月底的"满百"时期，科创板在集成电路、生物医药等领域的集聚效应进一步呈现。从 2020 年 4 月到 2020 年 12 月这段时间里，集成电路公司从 13 家增长至 23 家，形成了集聚效应明显、产业链上下游完备的产业集群；生物医药公司从 25 家增长至 45 家，涵盖了生物制药、化学制药、体外诊断、医用材料等领域。此外，科创板对龙头企业的吸引力不断提高，中芯国际、君实生物、奇安信等公司正式登上科创板并形成了良好的示范效应，彰显了科创板的板块优势。已上市的 200 家科创板公司合计融资 2876.58 亿元。其中，中芯国际、中国通号两家公司的首发融资额超百亿元，占比为 1%。此外，首发融资额小于等于 10 亿元的公司最多，为 119 家，占比达 59.5%；融资规模为 10 亿元以上至 20 亿元的共 57 家，占比为 28.5%；融资规模为 20 亿元以上至 50 亿元的共 19 家，占比为 9.5%；融资规模为 50 亿元以上至 100 亿元的仅 3 家，占比为 1.5%。2020 年前 3 个季度，200 家科创板上市公司经营业绩总体保持稳中有升的态势，收入和利润整体实现双增长，共计实现营业收入 2092.90 亿元，同比增长 15.59%，共计实现净利润 248.33 亿元，同比增长 64.15%。176 家公司实现盈利，145 家公司实现收入增长，9 家公司收入翻番，130 家公司实现净利润增长，三成的公司净利润增幅在 50% 以上。

2020 年开年以来，新冠肺炎疫情对全球经济造成了严重影响，但产业投融圈对硬科技产业的活跃度却逆势而上。据研究机构对硬科技产业投融资情况的统计，2020 年半导体领域与人工智能领域分居第一和第二位。在半导体领域，致力于研发高性能低功耗无线物联网系统级芯片的半导体设计公司——泰凌微电子于 2020 年 3 月 30 日宣布，已完成新一轮融资，由国家集成电路产业投资基金股份有限公司（简称"国家大基金"）领投。而在此之前，大基金投委会已通过对紫光展锐的投资决议，其获投金额也排在了 2020 年第一季度的首位，当时的计划投资金额超过 22 亿元。可见，半导体领域依旧是大基金在二期的重点投资对象。人工智能同样火热，2019 年我国人工智能核心产业市场规模超过 105.5 亿美元，相较 2018 年增长 26.9%。目前全国新一轮项目投资开工热潮已经启动，各地对新基建的相关规划也纷纷启动，在新基建七大领域中，人工智能及场景应用的基础建设是消费投资的主战场。

二、我国重点硬科技领域的创新现状

为了具体量化分析我国重点硬科技领域的发展现状，我们选择了芯片、创新药、航空、5G 这 4 个重点硬科技领域的企业作为样本。本节将聚焦创新投入与创新产出的关系，用高新技术企业的营业收入、研发投入（见图 3-1 和图 3-2）和技术合同交易情况（见图 3-3）来分析国内硬科技产业的发展现状，并与国际上其他典型国家和地区的一流企业进行对比，重点分析硬科技在芯片、创新药、航空、5G 这 4 个领域的创新表现和产业发展现状。

当前，芯片、创新药、航空、5G 这 4 个重点硬科技领域的基本发展情况如下。芯片产业受到全球重视，规模较大，处于平稳发展阶段。5G 产业进入平稳发展阶段。创新药和 5G 的产业生态较好，大中小企业数量多而且合作紧密。芯片产业虽然规模大，但都是大企业单打独斗，产业生态较弱，大中小企业间的技术合作很少。航空产业保持着较好的发展趋势，一方面因为航空产业涉及军事、民用等多方面，国家的重视程度不断提高，另一方面，其技术合同交易情况与其他 3 个领域有较大差距，在一定程度上说明目前国内航空产业的主力军还是以国有企业为主，企业间的技术交流相对较少，民营企业有较大的发展空间和机遇。

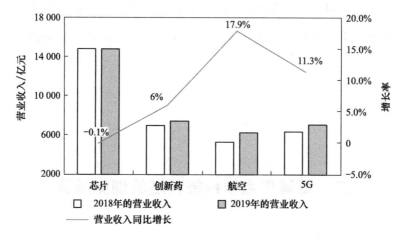

图 3-1　2018—2019 年重点硬科技领域高新技术企业的营业收入情况

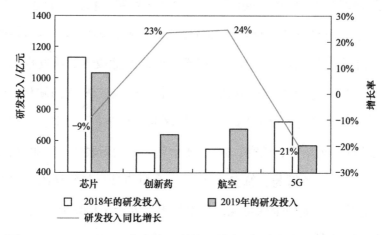

图 3-2　2018—2019 年重点硬科技领域高新技术企业的研发投入情况

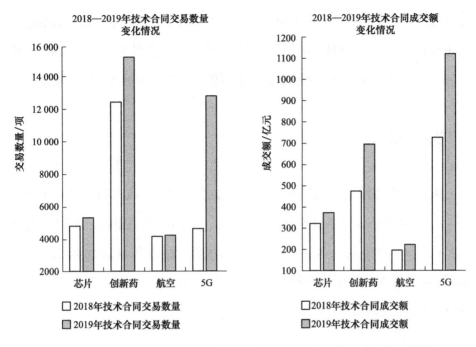

图 3-3　2018—2019 年重点硬科技领域高新技术企业的技术合同交易情况

此外，从图 3-3 所示的重点硬科技领域高新技术企业的技术合同交易情况来看，行业的市场垄断趋势越明显的领域，技术合同的交易数量与成交额越少。从航空领域来看，其技术合同的交易数量和成交额较少的原因一方面是该领域涉及国防军工，并且需要高水平的制造业基础；另一方面是国外的波音和空客两家公司几乎完全占据了这个市场，让后发企业极难在产品性能与生产成本等方面与之抗衡，新兴力量难以发展壮大。芯片领域在一定程度上也呈现出相对"垄断"的趋势，但更多的是在产业链各环节之间的"割地称王"，因此与航空领域相比还有一定的技术合同交易数量与成交额。芯片和航空两大领域是需要过往长期技术积累的硬科技领域的代表，其技术合同交易情况从侧面体现了抓住一个时代的硬科技发展的重要性，一旦落后就很难追赶。而创新药和 5G 作为新时代的两大新兴硬科技领域，从技术合同交易数量和成交额上就呈现出极为活跃的发展态势，这表示这两个领域的市场还很开放，尚未出现巨头企业垄断的情况。这也表明在创新药和5G这两大硬科技新兴领域，我们需要把握住发展机会，从而占据市场的引领地位。

1. 芯片领域

从我国芯片领域高新技术企业的研发投入和营业收入情况来看（见图3-4），2018年研发投入达到近1200亿元，受国际环境影响，2019年有所减少；2018年营业收入达到1.5万亿元的规模，2019年与2018年相比基本持平；研发投入占同期营业收入的比例均保持在8%左右，与其他领域相比保持了较高的水平。

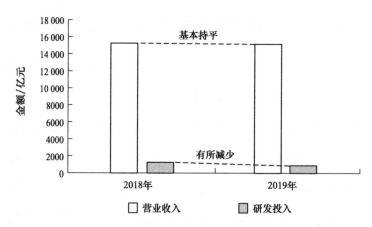

图3-4 2018—2019年芯片领域的研发投入和营业收入情况

从我国芯片领域的技术合同交易情况看（见图3-5），2019年的交易数量和成交额较2018年分别增长11%和14%，保持了较好的发展势头，但与全领域的技术合同交易数量增长17.5%、成交额增长26.6%的情况相比，还是有一定的差距；芯片领域的技术合同成交额也与居前三位的电子信息、城市建设与社会发展和先进制造领域有较大差距。

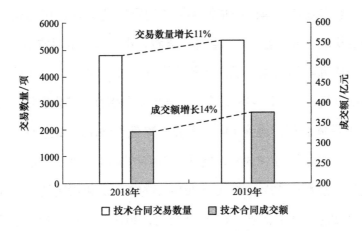

图 3-5　2018—2019 年芯片领域的技术合同交易情况

　　2018—2019 年，正值物联网技术快速发展的阶段，同时随着国际局势的变化，对芯片技术的关注度进一步提升，企业、院校、政府机构等纷纷加大投入力度，且芯片及硬件技术在过去 5 年有着足量基础技术的积累。在多重因素的叠加影响下，我国的芯片领域保持了良好的发展态势。以上数据也表明企业在技术研发方面投入加大、技术升级需求强烈以及参与技术交易市场的信心，还说明我国科技创新活力增强，经济发展有较强的内生动力。但是体现科技核心竞争力和行业发展水平的芯片硬科技产业还有较大的发展空间，尚不能满足旺盛的市场需求，需要全行业持续深入研发，提升自身的技术创新能力和产品的自主可控能力。

　　从国际情况来看，我国大陆的芯片企业在晶圆代工、芯片设计、封装测试和半导体设备等细分领域与行业领军企业相比还有相当大的差距。

　　根据半导体行业观察统计，在晶圆代工领域，台湾企业台积电是绝对的王者。台积电为保持先进制程，近年来其研发投入不断攀升，研发投入占营业收入的比例平均为 7%，高于多数同行，且毛利率一直维持在 50% 左右。

2019 年，台积电的研发投入已高达 127 亿美元。相比之下，我国大陆晶圆代工市场的佼佼者中芯国际与华虹半导体的研发投入不足 10 亿美元，营业收入也与台积电有很大差距，从整体上来看，市场占比依旧较小。

芯思想研究院的数据显示，在芯片设计领域，2019 年全球前十大半导体公司的研发投入合计达 428 亿美元。英特尔居榜首，其研发投入远远超过其他所有半导体公司，达到 134 亿美元，略低于 2018 年的 135 亿美元；占公司营业收入的比例为 18.57%，略低于 2018 年的 19.72%；占前十大半导体公司研发投入总和的 32%，略低于 2018 年的 34%。再看高通、博通、英伟达和联发科技这 4 家无晶圆厂 IC 设计公司，2019 年的研发投入最低的是联发科技，但也达到了 20.64 亿美元，其研发投入占营业收入的比例为 20% 左右。至于垂直整合制造（Integrated Design and Manufacture, IDM）模式的企业，除英特尔之外，其余几家的研发投入占营业收入的比例都在 10% 左右。

与国际巨头相比，我国芯片设计企业的表现整体上一直存在较大差距。本土芯片设计上市企业汇顶科技、紫光国微、兆易创新、金智科技和圣邦微电子 2019 年的研发投入占营业收入的比例都不低，但是研发投入最多的汇顶科技也只有 10.8 亿元。而这几家上市公司的研发投入总和才堪堪比得上在前面提到的 4 家无晶圆厂 IC 设计公司中处于末尾的联发科技一家的研发投入，跟英特尔相比差距更大，由此可见我国芯片设计企业和国际巨头的差距。

在我国集成电路产业链中，封装测试业是唯一能够与国际企业全面竞争的产业，长电科技、通富微电、华天科技三大封测厂全球市场占有率合计超过 20%，具备全球竞争力。根据财报，长电科技 2019 年的营业收入为 235.26 亿元，研发投入为 9.69 亿元，占营业收入的 4.12%。

我国半导体设备的国产化率较低，产品供应份额主要被应用材料、泛林半导体、东京电子、阿斯麦和科天等全球供应商占有。这些供应商能获得这样的地位，与一直以来坚持的高研发投入有关。作为对比，我们看一下国内半导体设备厂商——中微半导体的表现。2019 年，中微半导体的研发投入为 4.2 亿元，占营业收入的 21.8%。2016—2018 年，中微半导体的累计研发投入为 10.4 亿元，约占 3 年累计营业收入的 34.2%。2016—2019 年 4 年的研发投入总和占累计营业收入的比例为 28.3%。高水平的研发投入帮助中微半导体不断实现核心技术创新，保持收入和利润的高速增长。对比美国的泛林半导体、应用材料和日本的东京电子这 3 家国际刻蚀设备企业与中微半导体的财务数据可以发现，中微半导体作为新兴的设备公司，与国际巨头的差距主要体现在规模上。中微半导体在 2019 年的研发投入占营业收入的 21.8%，高于一般竞争对手，但在规模上与国际巨头有一定差距，仍有非常大的成长空间。

综上所述，在国际上，芯片及硬件技术的创新发展实现了持续的增长，高速增长的背后是芯片领域各大企业保持高水平研发投入的结果。国内相关行业也紧随其后，大力加大研发投入，但在细分领域还有较大差距。在后续发展中，我们要大力倡导发展硬科技、掌握芯片产业和领域的关键技术，才有望在芯片及硬件技术的创新产出上实现大幅增长。

2. 创新药领域

从我国创新药领域的研发投入和营业收入情况来看（见图 3-6），与 2018 年相比，2019 年我国该领域企业的营业收入增长 6%，而研发投入增长约 23%，由 2018 年的 536 亿元增长到 2019 年的 658 亿元。这与医药领域研发需长期持续投入的特点相吻合。

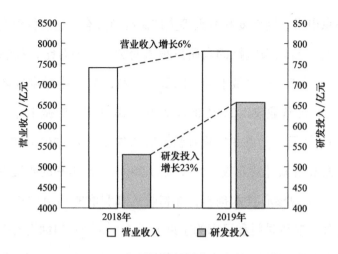

图 3-6　2018—2019 年创新药领域的研发投入和营业收入情况

从图 3-7 所示 2018—2019 年我国创新药领域的技术合同交易情况来看，该领域 2019 年的技术合同交易数量和成交额较 2018 年分别增长 22% 和 46%。创新药领域的技术合同的交易数量和成交额均高于芯片领域，技术交易活动活跃，反映出整个医药领域研发成果丰富、技术交易需求旺盛。

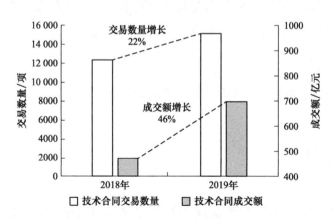

图 3-7　2018—2019 年创新药领域的技术合同交易情况

2019 年全球几大医药巨头——强生、罗氏、辉瑞、拜耳、诺华的营业收入都在 3000 亿美元以上，研发投入普遍达到四五百亿美元。全球的制药公司，尤其是跨国药企的利润率普遍很高，辉瑞作为美国最大的制药企业，其 2017 年全年的营业收入就达到 525.46 亿美元，利润为 218.08 亿美元，利润率为 41.5%。

我国的医药制造业目前还处于很落后的阶段，2017 年全行业的研发投入只有 543.2 亿元，排在所有行业的第 8 位，甚至低于"黑色金属冶炼和压延加工业""专用设备制造业"等传统的重工制造业。

当然值得欣喜的是，我国医药制造业 2017—2019 年的研发投入增速达到了 23.04%，在研发投入超过 400 亿元的 10 个行业里面，增速排在第 4 位。我国目前已经出现了一批年营业收入超过 100 亿元的医药制造业企业。研发投入在国内处于领先地位的几家医药制造业企业，如恒瑞医药、复星医药的研发投入都有大幅增长，保持了良好的发展势头。

综上所述，对于恒瑞医药和复星医药这样的"领头羊"企业，尽管其研发投入的增速很快，但是研发投入的基数与跨国公司相比还微不足道，差距很大。医药产业是关系国计民生的重要产业，是战略性新兴产业的重点发展领域，是建设健康中国的重要基础。坚定不移地发展国内创新药领域的硬科技、培育硬科技企业，才能够较好地满足人民群众日益增长的健康需求。

3. 航空领域

从我国航空领域高新技术企业的研发投入和营业收入情况来看（见图 3-8），该领域在 2019 年的营业收入比 2018 年增长了近 17.9%，而研发投入增长 24%。这说明航空领域的发展积极向好，产业链中的企业正在大力加大研发投入力度，提升自身的创新能力。

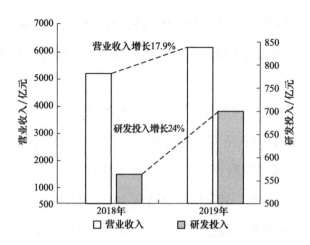

图 3-8　2018—2019 年航空领域的研发投入和营业收入情况

从我国航空领域的技术合同交易情况看（见图 3-9），2019 年该领域的技术合同交易数量和成交额较 2018 年分别增长 2% 和 14%。与芯片、创新药领域相比，航空领域的技术合同交易活动的规模较小，与航空产业技术密集且分工细化的特点有密切关系。

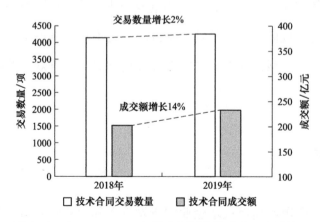

图 3-9　2018—2019 年航空领域的技术合同交易情况

当前全球航空装备制造业的分布格局为：美国及欧洲主要国家具备较强的技术实力，属于传统的航空装备制造强国，日本、巴西、加拿大、俄罗斯等在航空装备的部分环节具备领先优势。我国航空装备制造业目前已经形成了较为完整的产业链体系，尤其是在军用飞机制造方面，我国已经能够生产出全球最先进的战机，与美俄之间已无代际差异，但是在民用飞机制造方面，目前仍然是美国的波音、欧洲的空客占据市场垄断地位，目前我国以商飞为代表的民用飞机制造业还处于快速发展阶段。

2020 年我国民用飞机的营业收入还在 1000 亿元左右，而到 2025 年，我国民用飞机的营业收入预计将超过 2000 亿元，其复合增长速度超过 14%。预计在 2023 年，我国航空装备制造业的营业收入有望达到万亿元规模。同时，我国在发展航空产业的过程中，将对电子工业、数控机床、锻件制造、冶金、复合材料、通用部件、仪器仪表等领域产生巨大的需求，并推动这些原本较为薄弱的行业实现提升。大力发展航空装备制造业，推动产业链掌握关键技术、核心技术，是我国目前经济发展和产业发展的一大选择。

4. 5G 领域

从我国 5G 领域的研发投入和营业收入情况来看（见图 3-10），2019 年该领域的营业收入比 2018 年增长了 11.3%，但研发投入却出现了负增长，降低了 21%。数据表明，在 5G 领域，得益于国家 5G 政策的大力支持，高新技术企业的营业收入虽有大幅增长，但受国际形势对我国通信领域高新技术企业的影响，发展情况不容乐观。

从我国 5G 通信类技术合同交易情况来看（见图 3-11），2019 年的技术合同交易数量和成交额较 2018 年出现大幅增长，分别增长了 177% 和 53%。与芯片、创新药、航空等领域相比，5G 领域的技术合同交易活动的规模较大，绝对总量远超其他 3 个领域。这表明 5G 领域非常重视技术研发活动，大批科研成果得以转化到实际应用中。

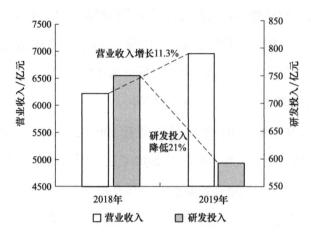

图 3-10　2018—2019 年 5G 领域的研发投入和营业收入情况

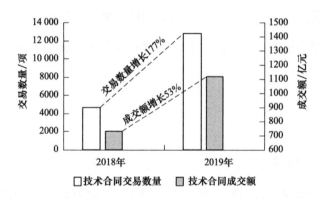

图 3-11　2018—2019 年 5G 领域的技术合同交易情况

在 5G 领域，华为是国内绝对的佼佼者，投入早、投入规模大，投入范围也很广，覆盖范围包括材料、芯片、关键算法、散热工艺在内的多个方面，目前的 5G 专利在行业中占 20%。此外，按照申万一级行业分类，截至 2018 年 4 月 16 日，A 股中有 104 家通信行业的上市公司，研发投入为 287.80 亿元；通信行业的研发投入占营业收入的比例为 7.02%，仅次于计算机行业（2018 年其研发投入占营业收入的比例为 10.73%）。

根据中国信息通信研究院《5G 经济社会影响白皮书》的测算，到 2030年，在直接贡献方面，5G 将带动的总产出、经济增加值、就业机会分别为 6.3万亿元、2.9 万亿元和 800 万个；在间接贡献方面，5G 将带动的总产出、经济增加值、就业机会分别为 10.6 万亿元、3.6 万亿元和 1150 万个。

面对新一轮科技发展浪潮，以及国家对人工智能、高端芯片等新兴产业不断加大扶持力度带来的发展契机，通信、计算机和电子等行业的硬科技企业正在加速推进 5G、人工智能、云计算、物联网的融合发展。在此背景下，各企业在面临挑战的同时，也面临着产业融合所带来的发展机遇。技术创新是一家企业的生命力源泉，是可以不断被筑高的安全壁垒。5G 领域的企业只有不断练好"内功"，掌握关键核心技术，才能不断提升自身竞争力，才能在当前错综复杂的国际科技环境中立于不败之地，在新一轮科技革命的背景下引领行业发展，占领技术、产业的制高点，保障国内产业链供应链的安全和稳定。

三、硬科技发展面临的挑战

党的十九大报告指出，"中国特色社会主义进入新时代，意味着近代以来久经磨难的中华民族迎来了从站起来、富起来到强起来的伟大飞跃，迎来了实现中华民族伟大复兴的光明前景"。可以说，当下我国正处于发展的黄金时代，但同时也面临着极为复杂的国际形势与重大挑战。纵观当下世界变局，习近平总书记明确作出了"三大趋势""三个前所未有""三个重大危险"

等关键性战略判断，科学回答了我们处于什么环境、站在什么方位、面临什么挑战等一系列基本问题。如今我们正处于一个由科技水平主导的国际大环境中，谁占据了科技前沿、掌控了先进制造业，谁就能拥有更多的决定权和话语权。

"安而不忘危，存而不忘亡，治而不忘乱"，各个国家在科技领域中的竞争是没有硝烟的，其激烈程度丝毫不亚于军事对抗，因为科技发展水平已是关乎国家经济发展与军事安全等的关键。近年来，我国的科技发展一直处于上升轨道中，人才队伍的质量在不断提高，高等教育的规模在不断扩大，在国际领先期刊上发表的论文数量不断增加，拥有的国内外专利也不断增多，这些都证明了这一点。总体来看，我国在科技领域的发展成果是有目共睹的。但仍需警醒的是，我国在一些产业的关键技术、关键组件，乃至关键生产设备等环节，被国外"卡脖子"的问题尚未解决。这就意味着我国的硬科技发展面临着诸多挑战，比如基础研究的源头知识供给作用没有得到充分发挥，基础研究对"卡脖子"领域科技创新的支撑不够等。

目前，以科技创新驱动经济社会发展、保障国家安全和应对全球挑战，成为各国共同的战略选择，全球各国都在加大对硬科技发展的投入力度。因此，在新一代信息技术、人工智能、智能制造、航空航天、生物医药、新能源等硬科技领域，我国将面临来自世界范围内的竞争压力，在全球先进产业的技术标准确立、高端学科的顶尖人才培养，以及大型跨国企业的市场份额获取等方面都将面临全新且艰巨的挑战。

此外，新冠肺炎疫情让世界经济增长整体放缓，甚至停滞，还暴露了产业链全球化的风险，极可能带来产业链长期逆全球化的危机。在如此复杂的全球大环境下，部分产业上中下游供应端欠缺等问题给我国战略性新兴产业的发展带来诸多挑战。而且，变幻莫测的国际环境也会给我国硬科技发展带来一些政策机制上的挑战。

因此，我们应根据硬科技的理论概念与内涵特点，通过其整体发展趋势来发掘硬科技的要素缺失和政策短板，从顶层设计、中观规划、微观行动等多层面，精准提出我国部署和发展硬科技的政策措施和工作重点；以应对我国硬科技发展面临的诸多挑战为目的，完善相关政策体制，强化关键领域、关键产品、关键环节的保障能力，为硬科技企业的发展提供精准支持；为我国硬科技发展打通产业链、供应链和创新链，给出政策建议，以便有效支撑我国产业结构调整和实体经济发展，促进国内产业迈向全球价值链的中高端，为我国高质量发展提供优质的科技供给与创新支撑。下面从 5 个方面介绍应对硬科技发展挑战的解决思路。

1. 创新链与产业链亟待协同发展

科技创新是一项大规模的系统工程，需要国家进行顶层设计和全面布局，但长久以来这都是我国创新部署的短板。科技创新一方面受限于国家整体发展战略与所处阶段，近年来才上升为国家重大战略；在另一方面则困于我国较为分散的科技创新体系与机制，缺乏统一调度，导致创新"部门分割""区域分割"现象凸显，同质化、低水平竞争带来大量科技创新资源浪费。显性结果就是科研端与产业端协同不足、脱节问题明显，科研、技术、应用和市场等创新难以形成合力。因此，我们应强化顶层设计和系统布局，进一步加强和完善国家对科技创新的宏观统筹和调控机制；在国家各项战略、科技规划、产业政策和重大项目中聚焦攻关硬科技，让创新链和产业链得到协同发展。

目前，我国创新链的关键环节亟待填补优化。从横向来看，我国创新体系存在一定程度的"重科研、轻转化"现象，创新链1～3级已经形成较为完善的基础科研体系，但是转化链4～6级"发育"不足。在论文影响因子及数量考核和科研项目考核机制下，高校、科研院所的研究更注重某些单一性能指标与参数的突破性；而规模化量产的产品则更多地要求多维度、多技术参数的平衡，以及长期使用和规模化生产的稳定性。过往许多科研项目与课题，即使达到某些要求结题了，但对产业化的真正帮助有限。从原型到工程量产的过程也面临着许多需要克服的困难，而工程验证和工程测试阶段缺乏相应资金支持。

从科研体系来看，我国面向基础科研布局了自然科学基金等系列专项资金支持，也面向应用科研战略需求设立了一系列重大计划。但针对产业链的直接科研计划部署，国家的战略性支持略显欠缺。科研与转化未被放在同等重要的位置，造成国家创新体系关键环节缺失，进而导致国内产业端缺乏基础知识理论体系的支撑，在诸多高端技术应用领域失去竞争力。对于硬科技的发展，做好创新链与产业链的协同十分重要。

2. 上下游企业亟待融通合作

除了做好创业链与产业链的统一协同之外，仅对产业链进行分析，我们会发现，我国诸多关键核心产业的上中下游还需要提高沟通互信水平，以形成产业链不同企业之间的良性循环，避免出现某一环节被单独"卡脖子"，从而实现关键产业的全链条自主可控。这样便可以应对复杂多变的国际政治形势带来的影响，以及潜在"逆全球化"的风险。

目前，我们的目光更多集中在更有显性价值的终端产品或设备上，政策也大多偏重于此类。但实际上，一个关键产品被"卡脖子"，并非只是表面看到的那么简单，在背后链条的各个关键环节上都可能存在风险或危机。以我国芯片产业为例，当前的目光都聚焦于光刻机、手机芯片等生产制造设备与产品上，但实际上产业上游的原材料研发与元器件生产供给等环节都有所欠缺，都存在被"卡脖子"的可能。若要突破国外封锁，就必须实现产业链上下游的全面协同发展。

从原材料方面来看，当下面临的挑战是部分关键环节的市场份额已被国外进口原材料垄断，市场利润空间已经很小。这对国内企业来说，一方面缺乏市场空间，另一方面产业链下游企业出于对市场、国产原材料的稳定性与安全性，以及成本等方面的考虑，都会尽量避免使用国产原材料进行工业生产。这又进一步加剧了国产原材料制造企业的困境。从技术角度看，国产原材料企业因缺乏下游企业的反馈而难以实现产品的迭代优化；从市场角度看，又因缺乏利润而难以生存，更别说投入资金到研发创新中了。整个产业陷入恶性循环之中，极大地影响着整个产业链的安全与稳定。

此外，一些国产原材料、设备在单独性能指标或参数上也许能够达到行业要求，但在实际应用中并不稳定，良品率达不到市场要求，很容易被一票否决。国外很多基础材料与元器件厂商通常依靠中低端的产品占据市场并获得利润，依靠高端产品独占市场形成垄断，但国内企业单纯从高端产品起步则会面临研发周期长、资金投入高、风险大且回报小的难题。过往的一些宏观政策缺乏具体的要求，导致在部分产业中诞生了大量生产中低端产品的中小企业，这些中小企业依靠政策补贴，采用低价措施，占领市场并进行恶性竞争，迟迟不能形成大规模盈利的头部企业，这阻碍了高端产品的研发投入。因此，加强上下游企业的融通合作，将有助于整体产业的发展，可推动企业逐步向高端领域进发。

3. 项目管理机制亟待优化

美国、欧洲、日本、韩国等国家和地区都把围绕国家目标组织实施重大专项计划作为提高国家竞争力的重要措施。重大专项是为了实现国家目标，通过核心技术突破和资源集成，在一定时限内完成的重大战略产品、关键共性技术和重大工程，是国家科技发展的重中之重。历史上，我国以"两弹一星"、载人航天、杂交水稻等为代表的若干重大项目的实施，对提升我国的综合国力起到了至关重要的作用。

过往的重大专项负责人通常是高校、科研院所的研究人员，项目进展与成果在推进过程中可能逐步偏向于基础科研理论的发展与突破，或者是侧重于可以看到"最终成果产品"的集成发展模式。这在一定程度上导致项目研发方向与结果并没有完全对相应产品或业内公司负责，项目推进的阶段性验收欠缺工程应用端的考虑。

硬科技项目的运行模式和机制决定了硬科技企业将在项目实施过程中担任主角，充分发挥企业的主观能动作用和重视硬科技研发的积极性。因此，项目管理必须创新管理方式，以硬科技企业为中心，对用户企业负责，由企业科学家、总工程师作为项目总负责人。

针对面向产业的科研项目管理机制，如果想在政策顶层设计上进一步优化，需要充分适应科技创新的最新发展趋势，应对硬科技发展面临的挑战。如今，传统意义上科技创新从研发到小试、中试，再到放大、产业化的线性流程及发展环节逐渐变得模糊，一些原创性、前沿性的重大科技创新，如人工智能、区块链、生物医药等，更多的是在应用场景和产业生态中不断演进发展，实现技术成果的产业化和商业化。同时，科技创新的主体和组织方式也变得更加丰富多元，全国各地出现了一大批依托高等院校、科研机构建立的具有事业单位属性、由企业运作的新型研发机构。这些新型研发机构主要面向企业及产业发展的创新需求，与广大中小企业开展产学研合作和共性技术研究，为中小企业科技创新提供解决方案，取得了很大的发展成效。

应进一步完善针对上述新型研发机构、中小型硬科技企业等的管理机制，做好区域化布局、差异化分工等安排，避免产业趋同现象，提高产业链之间的协调配套程度。

4. 硬科技人才亟待加强激励

改革开放来，我国研发人员总量已经稳居世界首位。目前我国高水平、国际化的科研人才数量也在逐步增多，但关键岗位的核心人才依然短缺，大学的人才培养与社会的发展需求有一定程度的脱节。目前，我国急需一批在国际上具有学术引领能力和产业发展带动能力的领军型科研人才。与此同时，也应有相应的激励机制，让相应人才有动力、长久地留在硬科技领域中不断深耕。

从企业角度来看，对于一些关键产业的国有企业，应改变传统科研创新项目课题的"人头费"要求，调整工资收入总额限制等，让更多基础制造与研发领域的企业可以给予工程人员、科研人员良好的薪资回报及奖励。要避免出现因薪资竞争力匮乏带来的难以吸引高端人才，以及企业大力培养的人才留不住等问题。此外，民营企业在人才领域的恰当激励，有助于企业摆脱在中低端市场"拼杀"的困境，从而逐步向高端产品市场发展。总之，我们需要给硬科技人才更好的待遇，把硬科技人才留在硬科技企业里，才能应对各种挑战。

从高校、科研院所的角度来看，其问题与之前几点是互通的。目前的绩效考核仍以成果数量和学术水平为主，教学、科研、人才培养、学科建设等通常是高校、科研院所排名的主要评价指标，其中又以科研指标所占权重最大，从而导致科技人员实施成果转化对个人发展并无明显积极意义，投入大量精力从事科技成果转化反而会影响日常的科研任务，从而影响个人的晋升等。因此，科研人员从事具有成果转化意义项目的积极性还有待提高。此外，在《中华人民共和国促进科技成果转化法》修订后，科技成果的处置权下放到成果持有单位，有些领导因害怕承担国有资产流失的责任而不敢轻易做决策，甚至在某些单位，科技成果转化成为"烫手山芋"，形成了单位领导谨慎观望、迟迟不推进的尴尬局面，让部分高校、科研院所的成果转化工作处于停滞状态。对于类似的局面，或许可从改善对一线科研或工程人员的激励模式入手，推动硬科技人才团队的建设，激发硬科技人才的研发热情。

5. 硬科技创新政策亟待完善

从上述几点问题与挑战可以看出，单纯做好基础科学的研究，期待创新成果会自然而然出现是不符合实际的，也是违背硬科技发展规律的。硬科技理论所参考的布什范式，正是基础研究到应用研究，再至产品开发的三段论体系。1945 年范内瓦·布什答复美国时任总统罗斯福的报告《科学：没有止境的前沿》，成为后来美国成立国家科学基金会和高级研究规划署等科研机构的依据。但随着时代的发展，美国并没有只依靠布什范式来推动科技创新，《拜杜法案》和《史蒂文森－威德勒技术创新法》的颁布，意味着美国将科技成果转移转化由个别行为上升到国家层面，让高校、科研院所能够享有政府资助科研成果的专利权，这极大地带动了技术发明人进行成果转化的热情。1978 年，美国的科技成果转化率为 5%。《拜杜法案》出台后，这个数字短期内翻了 10 倍。美国能在其后 10 年之内重塑在世界科技领域的领导地位，《拜杜法案》可谓功不可没。

又如，苏联是基础研究实力极为雄厚的国家，但科学研究与市场需求相对脱节、对科研项目的管理不够完善，因此其基础研究无法为市场需要的技术创新提供足够的支持，从而导致其科技创新能力不断衰退。反观美国，不但重视基础科学研究及其与产业需求端的结合，还十分注重科技创新项目的管理与方向设计，从而让科研机构为企业，或是和企业一起研发了大量的原理性技术和颠覆性技术的雏形，使得重大原始创新成果频频出现。

我国目前的部分政策与科技管理，有着比较明显的在"强调工程技术创新"和"加强基础科学"之间摇摆的现状，导致基础科学端无法为工程技术端提供有效的知识供给，这使得科技创新的效率和效果都大打折扣。因此，需要从国家层面进行战略性、持续性的规划，以基于一线产业需求的科研项目形式组织优势企业、机构和院所进行联合性的攻关，以实现技术积累。

此外，还应解决当下的问题：政策工具之间缺乏协同，未能覆盖不同主体；政策集中在创新环境和服务机构建设上，面向企业主体的支持较少；政策间接支持手段多、直接支持手段少；政策工具的稳定性不够、精准性不高；等等。总之，应从政策上促进高校、科研院所与企业深度融合，共同建立适应企业新需求的研发机构、创新平台、合作机制，打破高校、科研院所与企业之间融通创新的体制机制障碍。还应以市场需求为导向，破除人才藩篱，形成有助于我国实现高质量发展的硬科技发展政策。

四、硬科技的发展趋势

全球科技创新日趋活跃、热点领域很多，但我们相信未来科技竞争的核心将以硬科技为主战场和博弈对象。全球科技创新呈现出以智能化为主导方向的人工智能、5G、量子计算、云计算和区块链等前沿技术的突破与创新的大趋势，主要是为了满足人类社会在技术的推动下越来越紧密地联结在一起而带来的各种需求。

当前中美科技竞争为全球科技发展浪潮带来了新形势，正逐步形成新格局，也带来了利益的冲突。科技竞争的爆发就是这种冲突的一次总爆发、总调整。我们应放下幻想、积极应对、积极创新。在推动技术创新、发展硬科技，掌握竞争制高点和推动技术普惠全球的过程中，"人类命运共同体"将扮演越来越重要的角色。

未来，硬科技将成为经济社会发展的核心动力，驱动人类的生产组织方式、社会组织方式、生活方式发生重大变化，促进人类社会的整体进步与共同福祉的提升，助力构建人类命运共同体。

1. 发展硬科技已成为创新型国家的普遍选择

硬科技已经成为世界大国保持科技领先的必争之地。随着硬科技的发展和深化，全球聚焦硬科技发展，加快布局，推动各硬科技领域发展出新趋势、新进展，以期通过硬科技的突破，培育一批爆发式成长的新兴产业，在新一轮技术革命和产业变革中抢占新的制高点。《美国国家安全战略报告》呼吁美国通过优先考虑发展对经济增长和安全至关重要的新兴技术，在研究、技术、发明和创新方面发挥领导作用。美国先后推出"脑计划""精准医疗""美国制造"等科技战略。日本推出的"综合创新战略"提出加强对人工智能、环境能源等领域创新的支持力度。我国先后启动了许多与智能制造及人工智能领域相关的战略部署。

在以人工智能发展为引领的第四次科技革命来临之际，世界各国人工智能战略布局进一步升级。国家间的技术竞争激烈，不仅先发国家继续加码推进人工智能的发展，一些新兴国家如新加坡、荷兰也在 2019 年正式加入人工智能竞争行列。同时，人工智能新型算法不断涌现，基础数据集加速建设，军事领域的人工智能技术有望率先实现突破。在航天领域，各国增强军事航天能力是 2020 年最重要的态势之一。美国提出并加快推进军事航天能力建设，印度、法国、俄罗斯和日本相继跟进。

2019 年全球主要城市七大硬科技创新综合指数表现"TOP15"中，东京位居第一，北京紧随其后，纽约名列第三，我国的城市有 8 个席位，占据榜单的"半壁江山"。我国科技创新活动活跃度领先全球，呈现多个行业并发、多种类型并举、多数企业家重视的良好局面。

在我国，硬科技逐渐成为衡量和支撑区域产业竞争力的最关键要素，对于提升城市产业创新综合实力的作用日益显现。上海正打造全球顶级生物医药产业集聚区，深圳正打造智能制造产业创新中心，西安正打造全球硬科技之都。在 2019 年国内主要城市产业创新综合能力指数排名中，北京以绝对优势领跑全国，上海和深圳处在第二梯队，西安作为"硬科技"概念的发源地，表现亮眼，产业创新综合能力位居全国第四，引领第三梯队。

展望未来，硬科技作为人类社会发展的核心动力，将驱动人类进入一个全新的发展阶段，人类的生产组织方式、社会组织方式、生活方式将发生重大变化。硬科技事关人类社会的整体进步和人类共同福祉的提升，需要各国以宏大的全球视野和担当，携手构建人类命运共同体。

2. 硬科技创新向底层技术延伸

长期以来，我国科技创新对西方形成了一种"依赖心理"。20世纪五六十年代，以"两弹一星"为标志，中国创造了近代历史上第一次自主科技创新的高峰。改革开放之后，虽然我国科技人才实力越来越强，但对美国的科研经验产生了越来越严重的依赖心理，忽视了国家间始终存在的利益区隔以及意识形态分歧。当前，中国并不缺少发展原创技术和科技的能力，但因为长期形成的依赖心理，在科技发展判断标准上对国外存在太多依赖。

就智能技术而言，我国不得不面对这样的发展现状：开源利用多，自主研发少；应用种类多，基础研究少；跟随发展多，自主创新少。"徐匡迪之问"直击我国人工智能技术发展的核心问题——中国有多少数学家投入人工智能的基础算法研究中？答案是我国在人工智能领域真正投入算法研究的数学家可谓凤毛麟角。就应用于芯片设计的EDA软件而言，全球三大巨头——铿腾电子、明导国际和新思科技均为美国企业；就制造材料而言，全球近七成的晶圆产自日本，而国产晶圆相较之下少之又少。以上这些情况，是中国信息产业受制于人的真实写照，也是中国硬科技产业发展面临的"拦路虎"。

以上问题也使我们清醒地认识到，在技术密集型产业中，如果不掌握核心科技，必然对本国的产业安全和核心利益造成冲击。在中国信息化百人会2020年峰会上，华为消费者业务CEO余承东表示，如今我国终端产业的核心技术与美国差距很大，美国主导手机和软件生态，我国在移动端、桌面端、操作系统方面差距大。

解决核心技术受制于人的根本出路是发展硬科技，而发展硬科技需要啃硬骨头，硬科技创新的难点永远在于基础科学的进步和底层技术的突破。比如，华为倡议从根技术做起，打造新生态。华为将在半导体方面突破物理学和材料学的基础研究和精密制造；在终端器件方面加大材料与核心技术的投入，实现新材料和新工艺的精密联动，突破制约创新的瓶颈。此外，要打造新时期硬科技领域的"两弹一星"，就必须要继续发扬"两弹一星"精神，坐得住冷板凳，啃得了硬骨头，好好补一补近代科技史上缺的课，为建设世界科技强国做好底层设计、搭好基础架构。

3. 硬科技创新促进跨学科融合

硬科技创业激发产业跨界融合，是推动传统产业新旧动能转换的重要路径。当前，科技创新进入空前密集的活跃期，几乎每隔几年就会有一个新领域产生，这背后有一个更深层的趋势，那就是不同的学科正在慢慢融合。以人工智能、大数据等为代表的硬科技在产业化的发展中逐步成为基础性技术，与传统产业深度融合，成为传统产业转型升级的助推器，同时也是跨学科的技术融合深入推动的结果。

如人脸识别技术与安防产业深度融合，带动安防产业向智能化发展。海康威视、大华等安防领域的传统企业借助人工智能技术实现二次爆发成长。3D 打印涉及的基础学科、技术群落较为复杂。3D 打印技术是现代社会重大复杂技术创新的一个典型代表，其显示出的跨学科交融式集成创新特征，展示了当今科学技术发展的新趋势：技术创新需要跨学科交融、已有成熟技术的支持、组织间的合作、产业政策的引导等多维度层面形成系统协同和创新合力，才有可能实现其突破和技术群落的有机演进，并有效缩短产业化的进程。

能源领域的大多数学科属于应用型学科，通过吸收借鉴基础学科与前沿领域的最新研究成果来推动能源领域学科的交叉与融合创新，是实现能源领域创新的重要途径。中国工程院院士、石油地质与油气勘探专家赵文智表示，美国的页岩油气革命就是最好的实证，它不仅推动实现了美国能源独立战略，也深刻改变了全球能源供应格局。美国页岩油气异军突起的背后，是持续 30 年之久的基础研究工作，以及由此引发的工程技术的颠覆性创新。水平井钻井技术和大规模多段水力压裂技术等核心技术的突破，正是源自油气学科与信息、材料、控制等领域的交叉与融合创新。能源与前沿学科的交叉与融合创新，正展示出跨越性、变革性、颠覆性的巨大能量，甚至引发全球能源变革。

每次产业革命的发生都伴随着大量硬科技技术的开发与应用。新一轮科技与产业革命将是科学革命、技术革命和产业革命三大革命的交叉融合。相关研究表明，从现在到 2040 年前后将是新一轮科技与产业革命孕育发展的关键时期，也是硬科技在全球遍地开花的重要时期，硬科技正带来世界发展格局的深刻变化，同时也必将促进各个学科实现交叉融合的大发展。

4. 硬科技创新与商业模式创新互动发展

硬科技概念的提出最初是为了区别于由以互联网为主的商业模式创新构成的虚拟世界，强调由科技创新构成的物理世界。但事实上，硬科技创新与商业模式创新有着千丝万缕的联系。硬科技创新是商业模式创新的基础和保障，商业模式创新是硬科技技术应用转化的需求动力和市场空间。在人工智能时代，以 5G 和物联网等为代表的硬科技创新是社会发展最核心的基础设施，也是一些商业模式创新的技术保障。有一个比较形象的比喻：在经济发展中，硬科技是骨头，金融是血液，实体经济是肌肉，互联网虚拟经济是脂肪。没有硬科技支撑的经济，缺乏自主创新能力，将成为"无基之厦"；而硬科技创新要实现爆发式成长，也需要找到可持续的商业模式，将技术向下延伸，转化为产业优势或赋能产业发展。只有将硬科技创新和商业模式创新深度有机融合发展的企业才能成长为真正的领军企业。

我们当下所使用的手机、互联网和有线电视等，都是基于通信技术的进步才得以快速发展，达到如今这种便捷程度的。其中，光纤通信作为全球通信网络中的重要组成部分，其地位随着互联网产业的消费与商业需求不断增长而上升。因为与无线通信和电缆通信相比，光纤通信的传输频段宽、容量大、抗电磁干扰能力强，并且拥有极低的时延，能够满足人们对通信信号在容量、速度和质量等方面的要求。可以说，光纤通信作为传输手段之一，成就了变革社会发展的互联网时代。光纤通信最初的发展要追溯到 1880 年美国科学家亚历山大·贝尔及其助手泰恩特的早期实验，贝尔在实验中将声音信号调制到光束中，成功地在距离约 213 米的两栋楼之间进行了无线传输。该实验将光作为载波应用在通信领域，让光信号通信成为可能。随后激光器的诞生，以及华裔科学家高琨发现透明材质中的杂质是造成衰减率过大的主要原因，推动美国康宁公司在 1970 年率先发明制造了世界上第一根可用于通信的光纤，开启了光纤通信时代。之后，光纤通信系统又经历了几代的发展，其成本大大降低，由此得以大规模商用，这才成就了我们现在所使用的互联网。这也印证了硬科技创新可为商业模式创新提供技术支持与成长环境的观点。

同样，商业模式创新也为硬科技创新提供了需求与方向。以小米集团为例，其以智能手机为基础，一步步扩展搭建了包含手机周边、智能家居、新潮消费品乃至互联网服务的"小米生态链"结构。2011年小米集团正式发布手机之后，又在2013年底看到了物联网和智能硬件的发展趋势，通过投资、收购股权、形成战略联盟等方式提前布局物联网业务，把手机的成功经验复制到物联网领域。从整体来看，智能家居乃至生态链的建设趋势带动了传感器、云服务和人工智能等硬科技领域的创新发展。

总而言之，硬科技创新与商业模式创新可以形成巨大的优势互补，对促进我国实体经济发展、夯实现代化产业体系具有重要意义。同时，硬科技发展更加强调在科研基础上对经济建设作出贡献，与学术研究和基础科研形成衔接和互补关系，通过顶层设计和系统安排，有效打通我国科技创新双向流动，实现科技创新推动科研进步和产业发展的良性循环，为我国经济发展催生源源不断的新动能，从而提升产业链水平，维护产业链安全，夯实我国高质量发展基石。

5. 硬科技研发与产业发展一体化

硬科技理论既吸收了布什范式重视基础科研的理念，又没有拘泥于其具有一定程度的"线性"发展的局限性，它强调研发与产业应协同发展，根据产业需求考虑研发方向。当前，技术要素的产生及配置方式出现了重要变革，技术创新的范式也发生了深刻变化。技术研发与产业发展一体化的趋势日渐明显，"基础研究—应用研究—产品开发"的线性科研模式正在被实践打破，科学、技术与工程开始并行发展，技术要素的产生和配置出现新的范式，大量技术成果来自产业或工程，并跨越独立的"转化"阶段，直接应用于产业发展。社会上，一大批新型研发机构顺应技术创新范式变革的新趋势，有效集成了技术研发、成果转化、企业孵化等功能，在全国各地蓬勃发展，面向企业需求进行精准化"定制"研发，有效带动了以产业创新为导向的技术研发活动，促进了一大批基础研究成果的产业化发展。

研究发现，科技创业作为科技成果转化的最有效方式之一，正在技术研发和产业发展之间架起一条快速转化的通道，特别是原创性、重大性、颠覆性研发成果，往往是通过成立新企业的方式进行转化的。究其原因，一是科技创业能通过股权激励的方式，充分激发科研人员的积极性和保障科研人员的持续投入，提高技术成果转移的成功率。二是原创性、革新性的技术成果对现有产业意味着变革和迭代，一定程度上会受到现有企业的抑制，同时这种技术成果较难在现有企业的基础上实现对接和适应，因而更适合从头起步、通过创业实施转化。当然，通过创业来转移转化科技成果，并不是指让科研人员亲自办企业，而是通过股权激励的方式让科研人员在企业研发中发挥专长。

根据对高校、科研院所近几年重大技术成果转移转化案例的分析，技术成果转移合作资金超过千万元的项目，大多采用了合作成立新企业的转化方式。中科院西安光机所搭建的"研究机构＋天使投资＋创业平台＋孵化服务"硬科技创新创业"雨林生态"，可帮助科研人员降低创新创业的风险和成本、提高创业成功率，在创新链到产业链这一"死亡之谷"间架起了桥梁。截至2020年12月，该创新创业"雨林生态"已帮助创立了369家硬科技企业，并在光电芯片、商业航天、人工智能等领域形成硬科技产业集群。此外，典型的具体事例还有武汉工程大学徐慢教授领衔的碳化硅陶瓷膜科研团队，8项专利作价2128万元，以技术入股的方式，与鄂州市昌达资产经营有限公司合资建立了湖北迪洁膜科技有限公司；华南理工大学胡健教授领衔的团队研发了芳纶纸相关技术，作价6684万元，以技术入股的方式，与中车集团株洲时代新材料科技股份有限公司共同设立合资企业；中南大学杜柯副教授团队研发的锂离子电池三元材料及新型正极材料产业化技术，以 1.3 亿元作价入股及现金 2000 万元转让的方式，与国内某企业合资成立宁夏中化锂离子电池材料有限公司；中科院工程热物理所的压缩空气储能技术以 17.5 亿元作价入股成立中储国能（北京）技术有限公司，占股 35%，投资公司（国银金汇）投资 32.5 亿元，占股 65%；等等。

6. 硬科技发展加速产业变革和经济格局重塑

改革开放以来，我国经济取得快速发展。但目前人口红利、投资等要素投入对我国经济增长的作用越来越小，我国产业升级乏力，经济增长率存在下滑趋势，面临巨大的发展压力。经过半个世纪的发展，上一轮信息技术革命和产业发展已经基本成熟和饱和，信息技术革命的红利效应不断减弱，世界各国及领军企业都在积极寻找下一个技术变革的突破口，积极布局和发展以生命科学和人工智能为代表的硬科技研究与应用。这些硬科技产业掌握了大量核心技术、聚集了众多高端科技人才，对国家的科技投入和经济产出具有举足轻重的作用，是政府治理、社会文化环境等多方面综合作用的产物，在体现、提升国家的综合国力和核心竞争力方面发挥着重要作用。

进入 21 世纪以来，全球科技创新进入空前密集活跃的时期，以人工智能、量子信息、移动通信、物联网、区块链为代表的新一代信息技术加速突破应用，以合成生物学、基因编辑、脑科学、再生医学等为代表的生命科学领域孕育新的变革，融合机器人、数字化、新材料的先进制造技术正在加速推进制造业向智能化、服务化、绿色化转型，以清洁高效可持续为目标的能源技术加速发展将引发全球能源变革，空间和海洋技术正在拓展人类生存发展的新疆域。纵观当前全球科技发展情况，从技术成熟度和系统性来看，以人工智能、5G 通信、光电芯片、大数据等为代表的智能化技术趋向成熟，这些技术最有可能率先推动人类社会变革，驱动人类社会进入"智能时代"。智慧家居、智慧工业、智慧交通、智慧医疗、智慧农业、智慧金融、智慧城市等将深入人们的生活和工作。未来机器人将会代替很大一批人力，人类的大脑甚至可能与机器结合实现超脑，人工智能将进一步解放人类的双手甚至大脑。可以预见，随着智能化社会的到来，大量剩余劳动力解放，人类的生产组织方式和社会组织方式会迎来新的变革，各国社会福利将高度发达，人们的工作和生活方式将会发生重大变化，更多人将转向以智力劳动、文化创作、社会治理等为代表的具有创造性和人文精神的工作领域。

硬科技创业强调核心技术产业化，这是我国在国际竞争中的应对之策。西方某些国家要遏制我国的技术崛起，而我国目前最欠缺的恰恰是对原创性关键核心技术的自主掌控。过去，我国技术研发大多依托科研院所，技术突破往往停留在实验室层面，自主研发的科技成果难以转化，产业中的关键核心技术也未能实现真正的自主可控。因此，我国在产业关键技术上容易被"卡脖子"。在当前中美贸易摩擦持续发酵、欧美发达国家对我国的技术封锁愈加严厉、国家经济新旧动能转换的关键时期，实现关键核心技术的自主创新与产业化应用比以往任何时期都更加急迫。

硬科技创业强调高技术门槛和原始创新，是我国经济转型升级和高质量发展的必然选择。当前我国发展正处在建设创新型国家、实现经济由高速增长向高质量增长转变的关键期，也是由工业大国向工业强国转型的关键期。发展硬科技创业既是产业转型升级的必然选择，也是我国应对中美贸易摩擦、参与全球科技竞争的重要路径。硬科技已经成为我国继"互联网＋"、大数据之后有望实现全球引领的重要领域。

硬科技

第四章

硬科技发展的规律与影响因素

当下世界各国之间竞争的本质是科技之争，科技的发展主导着经济秩序与政治格局，也事关国家安全。发展硬科技已成为我国应对前所未有挑战的必然选择。硬科技作为如今的破局关键，研究其发展规律十分必要。

随着新一轮全球科技革命和产业变革的加速发展，技术创新的演进过程正在发生深刻变化。除了传统的高校科研院所之外，技术创新的主体与组织方式均已发展得更加丰富多元，企业孵化或联合建设的新型研发机构凭借自身对技术链、产业链的敏感度与切实需求所在，逐步成为当下技术创新的主体。

如今，过往的技术创新模式——从研发到小试、中试，再到扩大、产业化的线性流程和发展环节已逐步变得模糊起来。近年来一些原创性、前沿性的重大技术创新，比如人工智能、区块链、生物医药等领域更多侧重于通过应用场景与产业生态发展来进行演进创新，实现新技术的产业化和商业化。

当前，技术创新在速度、广度和深度等多维度上加速发展，因此科技部火炬中心在 2020 年 7 月开始了针对硬科技发展范式的研究。通过参考过往资料，对国内硬科技企业的技术人员、高级管理人员，各地高新区相关产业负责人、政府部门管理人员进行访谈，通过向各地硬科技企业一线工作人员发放问卷等方式，来尝试找出技术创新的新趋势、新特点，以便发现规律、顺应趋势，加速我国硬科技的发展，从而提升国内产业的核心竞争力。

此次对硬科技发展影响因素的调研包括第一阶段访谈样本的选择、访谈提纲设计、数据处理与影响因素构成分析等，以及后续的问卷设计、大规模调查对象选择和数据检验等环节。对于前期访谈对象，主要采用"便捷取样"的方式，通过介绍、推荐等方式选取，尽可能选择拥有不同知识背景的访谈对象，确保结论在一定程度上可反映出受访者的不同情况，以保证研究结果的全面性。

一、 影响因素的分析筛选与调研设计

此次调研第一阶段的访谈对象，身份、立场等有较为明显的差异，为了使研究结果更加准确，我们针对不同访谈对象的自身特征设计了不同的访谈提纲。对于政府部门管理人员的访谈，内容更多地侧重于硬科技发展的政策环境、人才引进和培育、技术转移转化、开放合作和知识产权保护等方面的问题；对于企业一线工作人员的访谈，内容更多地侧重于技术研发、技术难点、重大产品、关键环节等方面的问题；对于企业高管和园区相关管理人员的访谈，内容更多地侧重于产业链和供应链安全、产业发展政策环境等方面的问题。

研究过程通过调查访谈及概念列表的方法来探索硬科技发展的影响因素，根据受访者的反馈内容梳理、筛选出有效词汇和短语，最后对获得的基本文字素材进行划分与概念化，共得到 612 条原始语句及 2192 个初始概念，剔除无效和重复概念之后得到 5 个主范畴，其中包括 20 个副范畴、1322 个有效概念。受篇幅限制，我们将主范畴、副范畴和部分关键概念整理至表 4-1 中，介绍如下。

表 4-1 访谈文本划分的基本规则

主范畴	副范畴	关键概念（部分）
基础支撑	科研设施与共享平台	国家重大科研基础设施，大型科研仪器，技术基础，综合效益，闲置浪费，科技创新服务，硬科技基础，社会开放，社会共享，设备和材料，重复，封闭，分类管理，资源统筹，研究试验基地
	跨部门合作	产学研合作，一院一所，政产学研用，创新战略联盟，对接合作，校地共建，一园多校，五位一体，校企联合，合作平台，协同与集成
	国际交流合作	人员互派，学术会议，国际研讨，技术输出，技术引入，引进消化吸收，信息不对称，搭便车，专利购买，国际合作，互惠互利

续表

主范畴	副范畴	关键概念（部分）
科研创新	核心技术人员	技术创新的关键，熟练程度，核心技术机密，技术安全，创造力，高水平年薪，提高黏性，企业年金，项目奖励，核心资产，股权激励，晋升，企业高管
	研发人员	研究人员，技术人员，辅助人员，研发人员比例，技术背景，理工科，人工智能，区块链，计算及技术基础设施，信贷风险管理平台，智能风控引擎，跨链可信数据连接服务，分布式技术架构，数据工程师，脑机接口，虚拟现实
	研发投入	直接投入，研发人员薪金，原材料支出，R&D 支出，设计费用，仪器设备支出，专有技术采购，专利申请维护费用，科技研发保险
	科研产出	高被引论文，核心期刊论文，专利申请，专题研究报告，调研报告，公开出版物，专著，编著
产业发展	领军企业	产业集群，经济规模，纳税额，科技含量，受制约程度，社会影响力，发展前景，上市融资，所属行业
	产业链完整性	技术经济关联，企业链，微笑曲线，创新链，价值链，供应链安全，企业群，产业关联程度，资源深度加工，产业链安全，产业链完整
	技术转化时间	技术生命周期，Gartner 曲线，实验室阶段，中试阶段，产业化阶段，技术扩散，技术转移，基础研究，应用基础研究，技术中介
	技术封锁	技术壁垒，专利壁垒，知识产权归属，人才限制，信息不对称，技术产品进口，出口管制，政策性限制，技术审查，许可证冻结
政策制度	人才政策	核心团队奖励，人才梯队，人才培养，人才引进，顶尖人才，创业人才，高端研发人才，人才基金，精准对接，人才论坛，领导干部进修，专业孵化
	税收优惠政策	加计扣除，退税，税务减免，税收优惠，降低负担，首台套，首版次
	知识产权保护政策	专利申请，专利维护，专利购买，版权独占，知识产权审查质量，知识产权审查效率，惩罚性赔偿，违法成本，专利法律法规
	专项基金	行业专项基金，专项资金，政府投入，社会资本，天使投资，风险投资，后补助，专款专用，资金补贴，协同创新基金
创新环境	创新载体	特色实验室，联合实验室，孵化器，产业园，高新区，科学中心，先行示范区，发展实验区，基地平台，社会实验

主范畴	副范畴	关键概念（部分）
创新环境	技术经理人	技术经纪人，精通技术，商业运作，法律和财会，技术转移，先进技术引进，科技成果转化促进，助力企业转型升级
	金融机构	风险投资，天使投资，国有银行，商业银行，区域银行，城市银行，私募基金，公募基金，保险，信托
	国家高新区	科技工业园，高新技术，创业服务中心，科技成果转化，智力密集，开放环境，改革措施，产品出口基地，展示区，传统产业辐射源，产业基地
	天使投资	权益资本，早期直接投资，自发而分散，民间投资，天使投资平台，投资交流环境，增值天使，支票天使，超级天使

受访者认为硬科技发展的影响因素主要集中在 5 个方面，分别为基础支撑、科研创新、产业发展、政策制度和创新环境。其中，基础支撑包括科研设施与共享平台、跨部门合作和国际交流合作这 3 个副范畴；科研创新包括核心技术人员、研发人员、研发投入和科研产出这 4 个副范畴；产业发展包括领军企业、产业链完整性、技术转化时间和技术封锁这 4 个副范畴；政策制度包括人才政策、税收优惠政策、知识产权保护政策和专项基金这 4 个副范畴；最后，创新环境包括创新载体、技术经理人、金融机构、国家高新区和天使投资这 5 个副范畴。

上述要素各自包含了多个细节概念，表 4-1 选取部分进行了描述。同时，根据本书前述的硬科技精神部分，并考虑采访专家得到的建议，另外增添"工匠精神"和"企业家精神"两个要素。

在圈定了表 4-1 中的各项分类关键词语和概念之后，针对第二阶段的大规模调研问卷进行总体设计，其衡量与设计标准主要参考并整合了国内外相关研究中比较常见的、与科技发展与创新相关的评测题目等，并根据此次针对"硬科技发展"调查的重点进行适当的调整，问卷的具体内容详见附录四。

第二阶段的大规模调研以网络方式为主，通过问卷调查平台制作电子问卷，向各地科技部门、火炬体系各类主体、载体（高新区、高新技术企业等）的相关人员发放。问卷调查与之前的访谈一样，都是采用"便捷取样"的方式，避免了随机网络调查中的调查对象对硬科技发展问题不了解而引入的客观无效数据。

这一阶段的调研从 2020 年 7 月初开始，到 2020 年 8 月底基本完成，在两个月的时间里一共收到 4921 份问卷回复。在排除部分填写信息不够完全、不符合调研要求的问卷之后，最终实际获得有效调研问卷 4835 份。我们对调查对象的基本信息进行了整理，从行业性质、所属行业、学历和本行业工作年限、对硬科技的熟悉程度等角度分类，将数据整理为表格，如表 4-2 所示。

表 4-2　调查对象的基本信息

	调查项目	频次	百分比
行业性质	A. 政府部门	71	1.5%
	B. 科研院所	21	0.4%
	C. 企业	4689	97.0%
	D. 其他	54	1.1%
所属行业	A. 电子信息	953	19.7%
	B. 生物与新医药	450	9.3%
	C. 航空航天	40	0.8%
	D. 新材料	661	13.7%
	E. 高技术服务	730	15.1%
	F. 新能源与节能	247	5.1%

续表

	调查项目	频次	百分比
所属行业	G. 资源与环境	243	5.0%
	H. 先进制造与自动化	1511	31.3%
学历	A. 大专及以下	1514	31.3%
	B. 本科	2879	59.6%
	C. 硕士研究生	406	8.4%
	D. 博士研究生	36	0.7%
本行业工作年限	A. 0～5年	1745	36.0%
	B. 6～10年	1411	29.2%
	C. 11～15年	957	19.8%
	D. 16～20年	381	7.9%
	E. 20年以上	341	7.1%
对硬科技的熟悉程度	A. 非常熟悉	251	5.2%
	B. 比较熟悉	1143	23.6%
	C. 一般	2252	46.6%
	D. 不太熟悉	931	19.3%
	E. 不熟悉	258	5.3%

注：为保证百分比的完整性，部分结果与实际计算略有偏差。

在对问卷结果进行数据整理分析之前，研究团队对获取的数据进行了质量分析，主要通过信度检验和具体的项目分析来确定最终的问卷对应的题目。

研究团队首先进行了信度检验，主要为了明确题项总体的测量是否可信。这里主要借助克龙巴赫 α 系数[①]对整个量表中的题项做信度检验。在已

---

① 克龙巴赫 α 系数是心理或教育测试中最常用的信度评估工具，由美国心理学家克龙巴赫提出。

有研究中，多数研究人员一般会将克龙巴赫 α 系数的基本标准定为 0.5 以上，0.6 以上较佳，在 0.9 以上的则会被认为量表达到了很高的信度。此研究中，26 个题项的克龙巴赫 α 系数为 0.612，表示这 26 个题项的内部一致性相对较好，信度较为理想，测量误差值相对较小（见表 4-3）。

表 4-3　信度检验系数

克龙巴赫 α 系数	题项数量
0.612	26

随后的效度检验采用了统计学中常见的因子分析，使用其指标适切性量数（Kaiser-Meyer-Olkin Measure of Sampling Adequacy, KMO）的大小来判别。KMO 的指标值为 0～1，该值小于 0.5 时，表明题项变量之间的关系不佳；达到 0.6 以上时，表示基本满足下一步分析的条件；达到 0.8 以上时，则表明题项变量之间的关系较好；达到 0.9 以上时，则表示题项变量之间的关系极佳。本研究的具体检验结果如表 4-4 所示，KMO 值为 0.649，指标统计量大于 0.6，变量间具有比较好的共同性，但还有进一步改进的空间。

表 4-4　效度检验（KMO 和巴特利特球形检验）

取样足够度的 KMO 度量		0.649
巴特利特球形检验	大约卡方检验	2011.334
	自由度	105
	显著性	0.001

二、 影响因素的数据分析与对比

发展硬科技最主要的目的是实现我国产业链供应链的"补链强链"，突破一些关键核心技术的"枷锁"。从大方面来看，调研的第一阶段已总结出基础支撑、科研创新、产业发展、政策制度和创新环境这 5 部分，而在第二阶段近 5000 份问卷反馈的统计中，对硬科技发展影响因素的数据分析从最贴合实际生产一线的内容进一步细分、论述。

1. 基础支撑对硬科技发展的影响

如果说完善的基础支撑是经济长期持续稳定发展的重要基础，那么从硬科技发展的角度来看，技术基础支撑则是推动科学技术发展与创新的重要基础。本小节将从基础支撑层面对硬科技发展的影响因素进行介绍，将基础支撑分为 4 个部分进行讨论：科研设施、科研设施共享平台、产学研等跨部门合作，以及国际交流合作。

（1）科研设施对硬科技发展的影响

"工欲善其事，必先利其器"，科研设施及相关的仪器设备是科学研究和技术创新的基本工具，也是物理、化学、材料、生命科学等实验科学"吃饭的家伙"。关于科研设施对硬科技发展的影响，受访者的看法如图 4-1 所示。

问卷调查结果显示，受访者广泛理解科研设施对硬科技发展的重要性和中流砥柱作用。超过九成的受访者认为科研设施对硬科技发展的影响显著，其中 58.6% 的受访者认为影响"非常大"，35.8% 的受访者认为影响"比较大"。有 4.6% 的受访者则认为科研设施对硬科技发展的影响"一般",而仅有 1% 的受访者认为科研设施对硬科技发展基本没有影响。

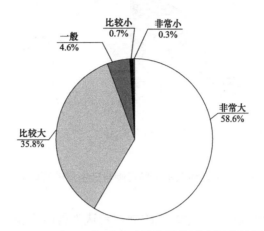

图 4-1 科研设施对硬科技发展的影响调查结果

总体来说,科研设施及仪器的先进性一定程度上将影响科研成果的水平。根据美国知名杂志 C&EN 的信息,2018 年全球前 20 名的科研仪器设备企业(美国 8 家、欧洲 7 家、日本 5 家)中,没有一家来自中国。过往我国在相关领域的投入力度也相对有限,更侧重于引导性实验。如今越来越多的人发现了科研设施的重要性,这为发展满足应用指标、拥有市场化潜质的科研设施与仪器设备创造了良好的先决条件与认知氛围。

(2)科研设施共享平台对硬科技发展的影响

鉴于当下我国在高端科研设施与仪器设备等领域面临的问题,各地的科研院所和高校纷纷建立了科研设施共享平台,为科研设施与仪器设备的开放提供了更为广阔的空间。这也契合国务院《关于国家重大科研基础设施和大型科研仪器向社会开放的意见》。从此次问卷调查的结果(如图 4-2 所示)中也可以看出,科研设施共享平台的建设得到绝大多数受访者的支持与认可。

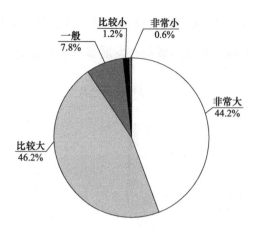

图 4-2　科研设施共享平台对硬科技发展的影响调查结果

　　问卷调查结果显示，超过九成的受访者认为科研设施共享平台对硬科技发展的影响显著，其中 44.2% 的受访者认为影响"非常大"，46.2% 的受访者则认为影响"比较大"。此外，也有 7.8% 的受访者对科研设施共享平台持中立态度，认为其对硬科技发展的影响"一般"；有 1.8% 的受访者则认为科研设施共享平台基本不会给硬科技发展带来什么影响。

　　总体来说，大部分受访者认为，科研设施与仪器设备的共享能够推进科技管理体制改革，让科研资金的利用更加合理，从而减少科技资源浪费，促进硬科技健康持续发展。科研设施共享平台的建设一方面提高了科研仪器设备的使用效益与效率，另一方面还促进了学术交流与学科交叉，推动了产业端与科研端的融合发展。

　　（3）产学研等跨部门合作对硬科技发展的影响

　　产学研合作是一项跨部门的、需要多方协调的系统性工程，通常是以企业向科研院所或高校机构等技术供给方提出自身的技术需求，谋求应用与研发之间的合作，促进技术创新所需各种生产要素的有效组合。

　　此次问卷调查探寻了人们对产学研等跨部门合作的看法，结果如图

4-3所示。接近半数（48.4%）的受访者认为产学研等跨部门合作对于硬科技的发展比较重要、影响"比较大"。有39.8%的受访者则更加重视产学研等跨部门合作，认为其推动硬科技发展的作用"非常大"，这些受访者多以硕士和博士为主，其中很多都是企业技术负责人或研发机构的一线工作人员等。

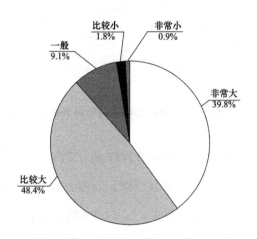

图4-3　产学研等跨部门合作对硬科技发展的影响调查结果

除此之外，也有9.1%的受访者认为产学研等跨部门合作对硬科技发展的影响"一般"；还有2.7%的受访者对产学研等跨部门合作持消极态度，并不认为这种合作会对硬科技发展有多大的帮助作用。

（4）国际交流合作对硬科技发展的影响

坚持并扩大科技领域对外开放，是我国一贯秉持的原则。"自主创新"并不意味着闭门造车，支持国际科技创新合作、深化基础研究的国际合作、组织实施国际科技创新合作重点专项计划等都体现了我国在国际交流合作方面的努力。此次问卷调查也探寻了广大科研人员与工程领域的一线工作人员的态度，以了解他们对国际交流合作与硬科技发展之间关系的认知，结果如

图 4-4 所示。

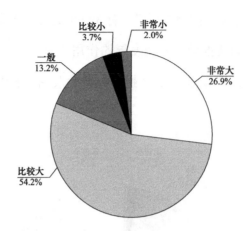

图 4-4　国际交流合作对硬科技发展的影响调查结果

问卷调查结果显示，大多数受访者对国际交流合作的作用是认可的，认为硬科技发展需要扩大开放、加强合作，其中，26.9% 的受访者认为国际交流合作对硬科技发展的影响"非常大"，54.2% 的受访者认为影响"比较大"。除此之外，有 13.2% 的受访者认为国际交流合作与硬科技发展的关联性"一般"，还有 5.7% 的受访者则认为硬科技发展基本不会受到国际交流合作的影响。

2．科研创新对硬科技发展的影响

科研创新要求科研人员拥有庞杂的知识系统、成型的逻辑体系等，可以从研究对象、研究方法以及交叉学科等领域进行创新。创新的重要性无须赘述。此次问卷调查分别从核心技术人员、核心技术人员为企业高管、增加基础研究投入、增加研发投入，以及科研产出 5 个方面，对科研创新在硬科技发展中的重要性进行了调查。

（1）核心技术人员对硬科技发展的影响

如图 4-5 所示，核心技术人员在硬科技发展中的地位无可动摇。超过九成的受访者认为核心技术人员的作用显著，其中 78.2% 的受访者认为核心技术人员对硬科技发展的影响"非常大"，19.0% 的受访者认为影响"比较大"。此外，有 2.3% 的受访者认为核心技术对硬科技发展的影响"一般"，而 0.5% 的受访者则认为核心技术人员没有给硬科技发展带来多大的影响。

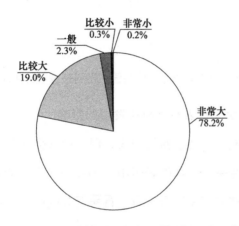

图 4-5 核心技术人员对硬科技发展的影响调查结果

（2）核心技术人员为企业高管对硬科技发展的影响

核心技术人员的地位得到极为广泛的认可之后，其话语权的比重是否会影响到硬科技发展则成为受访者普遍关注的问题。在此次问卷调查中，依然有绝大多数受访者认为，掌握硬科技的核心技术人员应该在企业中有主导权或话语权，结果如图 4-6 所示。

从图 4-6 可以看出，超过九成的受访者认为核心技术人员为企业高管对硬科技发展有显著影响，其中 54.7% 的受访者认为影响"非常大"，39.3%的受访者认为影响"比较大"。另外，有 5.3% 的受访者认为核心技术人员为企业高管对硬科技发展的影响"一般",只有 0.7% 的受访者表示,核心技术人员为企业高管不会对硬科技发展产生多大的影响。

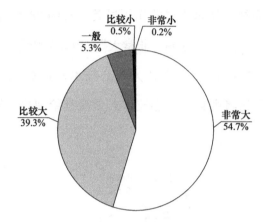

图 4-6 核心技术人员为企业高管对硬科技发展的影响调查结果

(3)增加基础研究投入对硬科技发展的影响

基础研究可以说是科技创新的源头,但过往人们对基础研究重要性的认识并不到位。因为在一些具体的场景中,仍有一些人认为基础研究短时间内很难直接转化为生产力,无法带来可以直接看到的收益。此次问卷调查帮助我们了解了受访者对增加基础研究投入的看法,结果如图 4-7 所示。

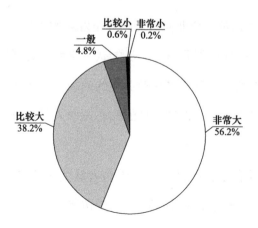

图 4-7 增加基础研究投入对硬科技发展的影响调查结果

从图 4-7 可以看出，如今越来越多的人认识到了基础研究的重要性，对研发经费的投入也取得了共识。超过九成的受访者认为增加基础研究投入对硬科技发展的影响显著，其中 56.2% 的受访者认为影响"非常大"，38.2% 的受访者认为影响"比较大"。此外，有 4.8% 的受访者认为增加基础研究投入对硬科技发展的影响"一般"，还有 0.8% 的受访者则认为增加基础研究投入不会对硬科技发展产生多大的影响。

（4）增加研发投入对硬科技发展的影响

在硬科技发展是否需要增加研发投入的问题上，受访者给出了比较一致的回答，如图 4-8 所示。

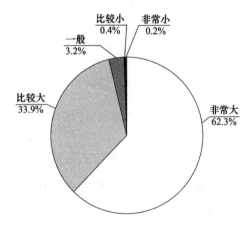

图 4-8　增加研发投入对硬科技发展的影响调查结果

从图 4-8 可以看出，超过九成的受访者都认可增加研发投入可以给硬科技发展带来更为积极的影响，其中 62.3% 的受访者认为这种积极影响的程度是"非常大"的，33.9% 的受访者认为影响"比较大"。另外，有接近 4.0% 的受访者不太认可增加研发投入对硬科技发展有帮助，其中 3.2% 的受访者认为影响"一般"，0.6% 的受访者则认为基本没什么影响。

（5）科研产出对硬科技发展的影响

"2020自然指数年度榜单"显示，中国在自然科学领域高质量科研产出方面高居全球第二，仅次于美国。2015—2019年，中国是全球科研产出增长速度最快的国家，其科研产出增加了63.5%。此次调查也对科研产出与硬科技发展之间的关系设置了问题，调查结果如图4-9所示。

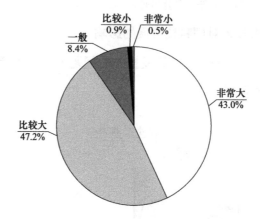

图4-9　科研产出对硬科技发展的影响调查结果

从图4-9可以看出，绝大多数受访者都认可科研产出会给硬科技发展提供很大的帮助，其中43.0%的受访者认为科研产出对硬科技发展的影响"非常大"，47.2%的受访者认为影响"比较大"。另外，有8.4%的受访者认为科研产出对硬科技发展的影响"一般"，还有1.4%的受访者则认为科研产出基本不会对硬科技发展带来多少影响。

3. 产业发展对硬科技发展的影响

本小节首先从产业角度来分析对硬科技发展造成影响的因素，并分别从领军企业、上下游产业链、稳定的政策环境、某些西方国家的技术封锁4个方面进行介绍。

（1）领军企业对硬科技发展的影响

从调研问卷的结果统计来看，超过九成的受访者认为领军企业对硬科技发展的影响显著，其中，超过半数的受访者认为影响"非常大"，占比为56.2%；近四成的受访者认为影响"比较大"，占比为38.0%，调查结果如图4-10所示。此外，有4.6%的受访者认为领军企业对硬科技发展的影响"一般"，还有1.2%的受访者基本上不认为领军企业对硬科技发展有什么作用。

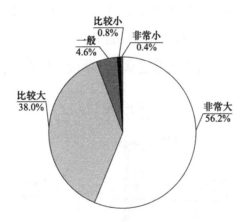

图4-10　领军企业对硬科技发展的影响调查结果

由此可见，领军企业对硬科技发展有着十分重要的意义，这一点得到了广泛的认同。这也符合当下科技企业的产业划分与市场格局，拥有硬科技实力的企业对其产品关联的上下游产业链都有覆盖或辐射作用，全行业可谓是"牵一发而动全身"。这一点从近年来社会极为关注的芯片领域的几个重大事件来看，已经表现得很明显了。

（2）上下游产业链对硬科技发展的影响

谈及上下游产业链，其对硬科技发展的影响就如同大家熟知的"木桶原理"一样，一个木桶能装多少水永远取决于最短的那块木板的长度。比如

2019 年 7 月开始的日韩"氢氟酸之争",日本大约占据了全球氟聚酰亚胺和光刻胶总产量的 90%,全球半导体企业近七成的氟化氢都需要从日本进口。在日本对韩国实施出口管制后,三星和 LG 等韩国半导体与面板企业短期内受到极大冲击。而日本限制的 3 种材料,都只是产业链上游原材料中极小的一部分。

此次问卷调查的受访者基本上都认为,上下游产业链对硬科技发展的影响很明显,结果如图 4-11 所示。超过九成的受访者认为上下游产业链对硬科技发展有显著影响,其中 42.1% 的受访者认为影响"非常大",49.5% 的受访者认为影响"比较大"。此外,有 7.4% 的受访者认为上下游产业链对硬科技发展的影响"一般",1.0% 的受访者认为几乎没有什么影响。

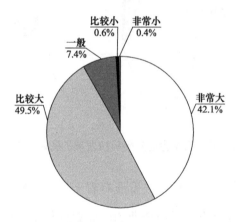

图 4-11 上下游产业链对硬科技发展的影响调查结果

(3)稳定的政策环境对硬科技发展的影响

对企业发展来说,根据所处的外部环境变化进行适当的调整,是企业战略选择的关键部分。硬科技的发展离不开硬科技企业,而企业的生存与发展则离不开政策环境的支持。此次问卷调查结果显示,受访者十分认可稳定的政策环境对硬科技发展的影响,如图 4-12 所示。

　　超过九成的受访者认为稳定的政策环境对硬科技的发展有显著影响，其中 53.8% 的受访者认为影响"非常大"，40.7% 的受访者认为影响"比较大"。有 4.8% 的受访者认为稳定的政策环境对硬科技发展的影响"一般"，还有 0.7% 的受访者认为几乎没有什么影响。

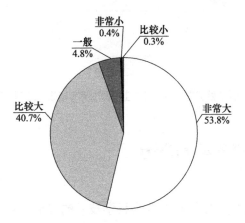

图 4-12　稳定的政策环境对硬科技发展的影响调查结果

（4）某些西方国家的技术封锁对硬科技发展的影响

　　自新中国成立以来，某些西方国家便长期对我国实行技术封锁，而经过我国科研人员自强不息的努力工作，我们取得了如今的成就。但这并不意味着我们摆脱了国外技术封锁带来的困难。在当下复杂的国际环境中，我国始终坚定开放的态度，但同时也强调了科技自立自强的重要性。那么，面对某些西方国家的技术封锁，硬科技的发展会受到怎样的影响？

　　此次问卷调查对这个问题也给出了一定参考，结果如图 4-13 所示。共有超过八成的受访者认为，某些西方国家的技术封锁对硬科技发展有影响且影响比较显著，其中 30.3% 的受访者认为影响"非常大"，55.8% 的受访者认为影响"比较大"。此外，有 11.1% 的受访者认为某些西方国家的技术封锁对硬科技发展的影响"一般"，2.8% 的受访者则认为没有什么影响。

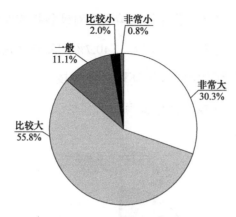

图 4-13　某些西方国家的技术封锁对硬科技发展的影响调查结果

4．政策制度对硬科技发展的影响

通常来说，社会的政治制度要为科学技术的发展提供保障，并以此为基础创造出更为优越的社会环境，促进科技发展。通过此次调查，我们分别从人才政策、税收优惠政策、知识产权保护政策以及专项基金 4 个方面了解了受访者对于政策制度的普遍看法。

（1）人才政策对硬科技发展的影响

"人才是创新的第一资源"，综合国力的竞争归根结底是人才的竞争。哪个国家拥有人才的优势，哪个国家最后就会拥有实力的优势。从问卷调查结果也可以看到，科研人员与工程师等广大一线受访者们都认为制定良好的人才政策对硬科技发展十分重要，如图 4-14 所示。

从图 4-14 可以看出，超过九成的受访者认为人才政策在硬科技的发展过程中起到关键的作用，其中 62.2% 的受访者认为影响"非常大"，33.8% 的受访者认为影响"比较大"。另外，有 3.6% 的受访者认为人才政策对硬科技发展的影响"一般"，0.4% 的受访者认为没有多大影响。

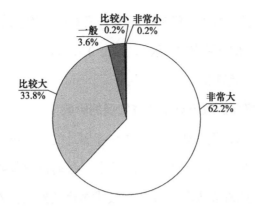

图4-14　人才政策对硬科技发展的影响调查结果

（2）税收优惠政策对硬科技发展的影响

近些年来，我国对高新技术企业的政策扶持主要通过税收优惠政策来体现。此次问卷调查也涉及了一线工作人员对税收优惠政策的认可情况，绝大多数的受访者都很认可当下的税收优惠政策，并认为它会对硬科技的发展起到积极的促进作用，结果如图4-15所示。

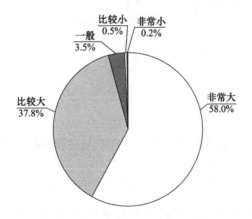

图4-15　税收优惠政策对硬科技发展的影响调查结果

从图4-15可以看出，超过九成的受访者认为税收优惠政策给硬科技发展带来了积极影响，其中58.0%的受访者认为影响"非常大"，37.8%的受访者认为影响"比较大"。另外，有 3.5% 的受访者对税收优惠政策并不是很敏感，认为其对硬科技发展的影响"一般"，还有 0.7% 的受访者认为税收优惠政策对硬科技发展没什么影响。

（3）知识产权保护政策对硬科技发展的影响

我国在对外开放的进程中，引进了许多国外的先进技术成果，这带动了国内的技术发展，但同时也让我们在相当长一段时间里都要为生产的产品支付专利费用。市场竞争的加剧加快了新技术革命的到来，人们对知识和智力资源重要性的认知不断增强，专利的重要性日益凸显。此次问卷调查也设置了有关知识产权保护政策的问题，以此来了解受访者对此的关注程度，其结果如图 4-16 所示。

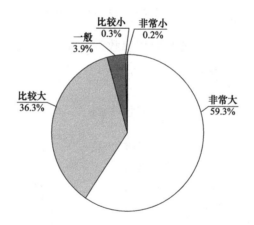

图 4-16　知识产权保护政策对硬科技发展的影响调查结果

从图 4-16 可以看出，目前人们对知识产权的保护意识已经大幅增强，超过九成的受访者认为知识产权保护政策对硬科技的发展将产生积极的影响，其中 59.3% 的受访者认为影响"非常大"，36.3% 的受访者认为影响"比较大"。此外，有 3.9% 的受访者认为知识产权保护政策对硬科技发展的影响"一般"，还有 0.5% 的受访者则认为知识产权保护政策与硬科技发展的关系不大，几乎不会产生什么影响。

　　总体而言，人们对知识产权制度激励创新、保护人们的智力劳动成果，并促进其转化为现实生产力的作用是广泛认可的；知识产权保护政策主要体现在激励机制、调节机制，以及规范与保障机制的设计与完善方面。

（4）专项基金对硬科技发展的影响

　　专项基金等是政府和有关机构在科技创新中发挥引领和指导作用的重要载体，具有一定的风向标作用；同时，对于体现国家在有中国特色自主创新道路上的政策取向、战略布局、发展重点以及科技创新规律特点等方面也具有重要作用。此次问卷调查就专项基金对硬科技发展的影响也进行了一定的了解，如图4-17所示。

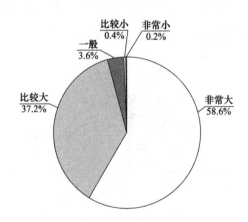

图4-17　专项基金对硬科技发展的影响调查结果

　　从图4-17可以看出，人们对专项基金的积极效用基本达成共识。超过九成的受访者认为专项基金对硬科技发展的影响显著，其中58.6%的受访者认为影响"非常大"，37.2%的受访者认为影响"比较大"。另外，有3.6%的受访者认为专项基金对硬科技发展的影响"一般"，还有0.6%的受访者则认为几乎没有什么影响。

5. 创新环境对硬科技发展的影响

我国长期以来面临来自外部的技术封锁，但国内的创新环境可以为硬科技的发展带来一些改变。这里从 5 个角度来分析创新环境对硬科技发展的影响，分别为创新载体、技术经理人、金融机构、企业在国家高新区发展，以及天使投资和风险投资。

（1）创新载体对硬科技发展的影响

通常来讲，创新载体是为科技创新提供服务的专业化公共平台，以及研发机构、企业研发中心、工程技术中心等的载体，还包括科技创业企业的孵化器、成果转化平台等。

此次问卷调查针对创新载体的影响力提出问题，调查结果显示，大多数人认可创新载体对硬科技发展的影响，如图 4-18 所示。

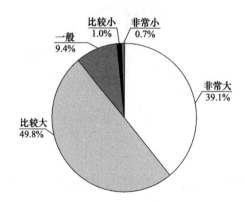

图 4-18　创新载体对硬科技发展的影响调查结果

从图 4-18 中可以看到，近九成的受访者认为创新载体对硬科技发展的影响比较显著，其中 39.1% 的受访者认为影响"非常大"，49.8% 的受访者认为影响"比较大"。而认为创新载体对硬科技发展的影响"一般"和认为几乎没有影响的受访者占比分别为 9.4% 和 1.7%。

（2）技术经理人对硬科技发展的影响

技术经理人并非传统意义上的"中介"，其旨在帮助国内企业从全球各地的高校和科研院所引入先进技术，进一步促进科技成果转化，并推动科技企业的转型升级等。教育部科技发展中心在 2017 年 12 月举办了首期全国高校高级技术经理人培训班，让这个职业在国内得以"官方正名"。

该职业的覆盖内容比较广泛，涉及人员包含技术经纪人、技术投资人、企业商务工作人员、政府部门与高校机构的科研成果转化工作人员等。技术经理人需要具备较强的工作能力，既要熟悉技术和商务运作，也要掌握法律和财务等相关知识，其工作内容还涉及大量的多方沟通协作。

对于技术经理人对硬科技发展的影响，从调查问卷的反馈中可以看出，该职业目前已经在国内得到了较为广泛的认可，详细内容如图 4-19 所示。从图中可以看出，超过一半（51.8%）的受访者认为技术经理人对硬科技发展的影响"比较大"，有 35.5% 的受访者对技术经理人的作用十分看重，认为其对硬科技发展的影响"非常大"。此外，有 11.0% 的受访者对技术经理人这一角色没有太多看法，认为其对硬科技发展的影响"一般"；还有 1.7% 的受访者认为技术经理人对硬科技发展没什么影响。

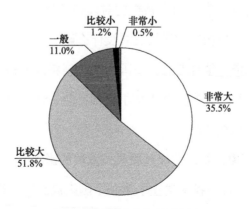

图 4-19 技术经理人对硬科技发展的影响调查结果

（3）金融机构对硬科技发展的影响

国家的高质量发展离不开金融和科技这两大要素，而科技的创新又离不开资金的投入。此次问卷调查也涉及银行业、证券业、保险业，以及政府财政部门等对硬科技发展的影响，详细内容如图 4-20 所示。

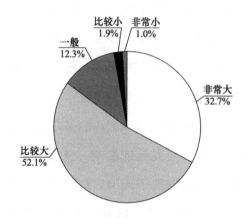

图 4-20　金融机构对硬科技发展的影响调查结果

反馈的结果显示出受访者高度认可金融机构在硬科技发展中起到的作用。超过八成的受访者认为金融机构对硬科技发展的影响比较显著，其中 32.7% 的受访者认为影响"非常大"，52.1% 的受访者认为影响"比较大"。此外，有 12.3% 的受访者认为金融机构对硬科技发展的影响"一般"，2.9% 的受访者则认为金融机构对硬科技发展没什么影响。

与过往的研究资料结合考虑，我国的科技创新效率和主要的金融指标呈现出显著的正向关系。而在金融机构中，银行业、证券业以及保险行业对硬科技发展的影响力依次递减。

（4）企业在国家高新区发展对硬科技发展的影响

1988 年 5 月 10 日，我国建立了第一个国家高新区。当时经国务院批准建立了北京市新技术产业开发试验区，也就是中关村科技园区的前身。截至

2020 年 8 月底，经国务院批准建立的国家高新区已有 169 个。

经过 30 多年的发展，国家高新区成功探索了科技与经济紧密结合的有效途径，并在体制机制创新、科技创新、产业发展，以及创新创业等方面都取得了显著成就，发挥了改革的先锋、引领和"试验田"作用。科技部部长王志刚曾表示，国家高新区经历了创业发展、二次创业和创新驱动发展战略提升 3 个阶段，正迈入"创新驱动高质量发展"的新阶段。在新时代，国家高新区要努力做到"四个率先"，即率先建设现代化经济体系，实现高质量发展；率先走创新驱动发展之路，在关键核心技术领域取得更多突破；率先开展体制机制创新，营造良好的创新创业生态；率先融入全球经济体系，引领开放新格局。

那么硬科技企业落户国家高新区发展，与在其他环境中发展是否有区别？受访者给出了不同的看法，详细内容如图 4-21 所示。

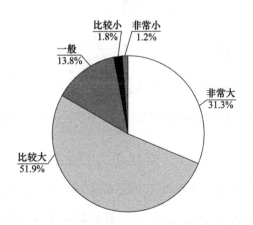

图 4-21 企业在国家高新区发展对硬科技发展的影响调查结果

调查结果显示，超过八成的受访者认为企业在国家高新区发展，对企业自身及硬科技的整体发展有积极影响，其中 31.3% 的受访者认为企业在国家高新区发展对硬科技带来的影响是"非常大"的；有 51.9% 的受访者认为影响"比较大"。但也有 16.8% 的受访者认为硬科技发展与企业落地于何处关联性不大，其中 13.8% 的受访者认为企业在国家高新区发展对硬科技的影响"一般"，还有 3.0% 的受访者不认为企业在国家高新区发展会给硬科技发展带来什么影响。

（5）天使投资和风险投资对硬科技发展的影响

风险投资行业的发展，在某种程度上可以说是影响一个国家科技创新能力提升的关键。其中，天使投资是最为关键的一环。在此次问卷调查中，大部分受访者都认可天使投资和风险投资对硬科技发展的重要性，结果如图 4-22 所示。

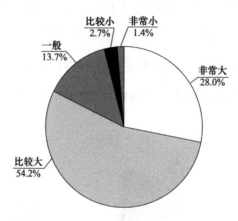

图 4-22　天使投资和风险投资对硬科技发展的影响调查结果

调查结果显示，超过一半（54.2%）的受访者认为天使投资和风险投资对硬科技发展的影响"比较大"；有近三成（28.0%）的受访者对天使投资和风险投资的作用的认可度极高，认为其对硬科技发展的影响"非常大"。不过还有近两成（17.8%）的受访者认为硬科技的发展不会因为天使投资和风险投资的介入而发生太大的变化。

总体而言，由于硬科技企业具有投资回报周期长、技术条件要求高等特性，大多数人都认为天使投资在硬科技企业的创立初期能起到关键作用。同样，以美国为例，如果没有其国内天使投资的高速发展，美国或许很难在

20 世纪末的科技领域突飞猛进；而在一些科技创新起步相对较晚的国家（如以色列和新西兰等），硬科技发展都在一定程度上得益于天使投资。

6. 其他影响硬科技发展的因素

本小节主要是从精神角度对影响硬科技发展的因素进行分析，包括工匠精神和企业家精神两个方面。

（1）工匠精神对硬科技发展的影响

从图 4-23 可以看出，大部分受访者认为工匠精神对硬科技创新发展所起的作用是值得肯定的。超过九成的受访者认为工匠精神对硬科技发展的影响显著，其中 57.2% 的受访者认为影响"非常大"，37.8% 的受访者认为影响"比较大"。另外，有 4.4% 的受访者认为工匠精神对硬科技发展的影响"一般"，0.6% 的受访者认为工匠精神对硬科技发展几乎没有什么影响。

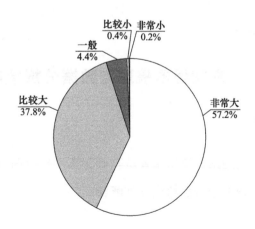

图 4-23 工匠精神对硬科技发展的影响调查结果

（2）企业家精神对硬科技发展的影响

从图 4-24 可以看出，大部分受访者认为企业家精神对硬科技发展所起的作用是值得肯定的。超过九成的受访者认为企业家精神对硬科技发展的影响显著，其中56.8%的受访者认为影响"非常大"，38.5%的受访者认为影响"比较大"。另外，有4.2%的受访者认为企业家精神对硬科技发展的影响"一般"，0.5%的受访者认为企业家精神对硬科技发展没有什么影响。

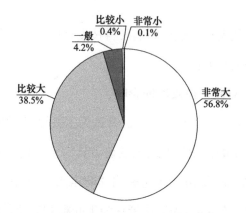

图4-24　企业家精神对硬科技发展的影响调查结果

三、　影响因素梳理与数据分析结论

对于不同的影响因素，这里主要从基础支撑、科研创新、产业发展、政策制度以及创新环境5个方面给出详细解释。

1.基础支撑及影响分析

问卷调查数据显示（见表4-5），对科研设施、科研设施共享平台、产学研等跨部门合作和国际交流合作等基础支撑的 4 个影响因素来说，其对 8 个硬科技行业的影响都有些许差异。总体来看，科研设施对各领域影响程度的得分都是最高的，证明了其影响程度最大；而国际交流合作的得分相对最低，其在 8 个领域的得分都没有超过 0.8 分，在航空航天领域获得的最高分也只有 0.78 分，这表明国际交流合作在目前对硬科技的基础支撑作用与科研设施、科研设施共享平台和产学研等跨部门合作这 3 个方面相比要小一些。

表 4-5　基础支撑对不同硬科技领域的影响

行业领域	科研设施的影响程度得分	科研设施共享平台的影响程度得分	产学研等跨部门合作的影响程度得分	国际交流合作的影响程度得分
电子信息	0.88	0.84	0.81	0.76
生物与新医药	0.89	0.83	0.82	0.75
航空航天	0.88	0.82	0.86	0.78
新材料	0.89	0.83	0.81	0.75
高技术服务	0.88	0.84	0.83	0.77
新能源与节能	0.86	0.82	0.81	0.74
资源与环境	0.85	0.80	0.79	0.72
先进制造与自动化	0.87	0.82	0.80	0.75
平均得分	0.88	0.83	0.82	0.75

注：为简便起见，平均得分均保留两位小数，下同。

具体来说，科研设施对生物与新医药、新材料领域的影响最大，影响程度得分为 0.89 分，而对资源与环境领域的影响相对最小，为 0.85 分。8 个领域在科研设施共享平台方面的需求程度相差不大，都集中在 0.80～0.84

分。资源与环境领域除了对国际交流合作的需求相对较小之外，产学研等跨部门合作对它的影响程度得分也是 8 个领域中最低的，为 0.79 分；而在航空航天领域，产学研等跨部门合作的影响程度得分为 0.86 分，位居 8 个领域的首位。

基础设施作为物化的硬科技投入之一，是衡量硬科技发展和创新能力的一个最基础的因素。实际上，基础设施的先进性及其对硬科技创新的有效支撑，是一个国家科技创新能力与竞争力的直接表现。

基础设施是开展基础研究的物质技术基础。《国家重大科技基础设施建设中长期规划（2012—2030 年）》指出，重大科技基础设施是为探索未知世界、发现自然规律、实现技术变革提供极限研究手段的大型复杂科学研究系统，是突破科学前沿、解决经济社会发展和国家安全重大科技问题的物质技术基础。科学研究已经进入大科学时代，许多科学问题的范围、规模、复杂性不断扩大，要实现系统性重大原始创新，必须依靠复杂的实验设施和装置系统，以实现探索未知世界、发现自然规律和实现技术变革的目标，硬科技的发展也是如此。

初步统计，21 世纪以来，一半以上的诺贝尔物理学奖得主的科研成果是基于大科学设施（集群）产生的。例如，欧洲大型强子对撞机发现了希格斯玻色子，使人们找到了有关基本粒子质量起源的线索，成为人类认识物质世界的一个里程碑；激光干涉引力波天文台首次探测到引力波，使广义相对论真正成为完备验证的理论。这些重大科学发现都离不开大科学设施（集群）提供的实验条件。国际经验表明，硬科技技术实力较强的国家正是借助这些大科学设施（集群）在基础研究中的重要支撑作用和"虹吸效应"，吸引了国内外一流科研院所、高校、创新型企业的优秀人才开展基础科学研究，从而不断促进学科交叉融合，最终产生了重大原始创新成果。

2. 科研创新及影响分析

科研创新的影响因素主要包括核心技术人员、核心技术人员为企业高管、增加基础研究投入、增加研发投入以及科研产出 5 个方面。问卷调查数据显示（见表 4-6），在科研创新的 5 个影响因素中，核心技术人员的影响程度得分普遍最高，平均得分达到 0.94 分，其他影响因素的平均得分均没有达到 0.90 分，这表明核心技术人员对硬科技发展的影响最大。科研产出的影响程度平均得分最低，为 0.83 分，这表明在科研创新中，核心技术人员和增加研发投入对硬科技发展的影响程度都高于科研产出，在下一步的政策倾向上可以适当进行调整。

表 4-6 科研创新对不同硬科技领域的影响

行业领域	核心技术人员的影响程度得分	核心技术人员为企业高管的影响程度得分	增加基础研究投入的影响程度得分	增加研发投入的影响程度得分	科研产出的影响程度得分
电子信息	0.94	0.88	0.88	0.90	0.83
生物与新医药	0.95	0.88	0.89	0.91	0.83
航空航天	0.96	0.84	0.91	0.92	0.83
新材料	0.94	0.87	0.87	0.89	0.82
高技术服务	0.94	0.88	0.88	0.90	0.84
新能源与节能	0.93	0.86	0.86	0.89	0.83
资源与环境	0.90	0.83	0.83	0.85	0.80
先进制造与自动化	0.93	0.86	0.87	0.88	0.82
平均得分	0.94	0.86	0.87	0.89	0.83

　　具体来说，电子信息领域中，核心技术人员的影响程度得分为 0.94 分，核心技术人员为企业高管和增加基础研究投入的影响程度得分均为 0.88 分，表明这两个因素在该领域对硬科技发展的影响程度相近，低于增加研发投入（其得分为 0.90 分），而科研产出的影响程度得分为 0.83 分，相对来说，其影响程度较低。生物与新医药领域中，核心技术人员的影响程度得分为 0.95 分；核心技术人员为企业高管的影响程度得分在这 5 个因素中位居第四，得分为 0.88 分；增加研发投入的影响程度得分为 0.91 分，其影响程度位居第二；增加基础研究投入的影响程度得分为 0.89 分；科研产出的影响程度得分为 0.83 分。在航空航天领域，科研创新影响程度最大的两个因素是核心技术人员与增加研发投入，得分分别为 0.96 分和 0.92 分。在新材料领域，科研创新影响程度最大的两个因素与航空航天领域一样，只不过得分稍有差距，核心技术人员和增加研发投入的影响程度得分分别为 0.94 分和 0.89 分。在高技术服务、新能源与节能、资源与环境、先进制造与自动化领域，科研创新影响程度最大的两个因素也为核心技术人员和增加研发投入。

　　正所谓"创新之道，唯在得人"，人才是推动经济社会发展的第一资源，是实现民族振兴、赢得国际竞争主动权的战略资源。

　　企业的关键人才是核心技术人员和高级管理人员，他们在科研创新中发挥的作用是硬科技技术研发和企业发展的基石。需要实行更加积极、开放、有效的人才政策，比如职称专业动态更新机制，打破职称评价"天花板"；促进职称制度与职业资格制度有效衔接，减少交叉重复评价、降低社会用人成本；坚持分类评价，突出品德、能力和业绩导向等。

　　此外，研发投入也是硬科技发展的关键要素，不仅与基础科学原创能力密切相关，而且也是衡量企业核心竞争力以及技术密集型产业竞争力的重要指标之一。国际上，各领域居于领先地位的硬科技企业和机构在研发投入方面上均具有规模大、强度高、集中度高和门槛高等鲜明特征。《2018 年度欧盟产业研发投入记分牌》中的数据显示，全球年研发投入为 50 亿欧元及以上的企业有 26 家，20 亿欧元及以上的企业有 66 家，15 亿欧元及以上的企业有 96 家。制药和生物技术行业的研发投入强度最高，软件和计算机服务业排在第二，高科技硬件和技术行业排在第三。在研发投入方面排名前 50 位的企业主要集中在软件和计算机服务、科技（硬件和设备）、制药和生物技术、电子和电气设备、航天等 8 个门类，基本上都属于硬科技领域。

3. 产业发展及影响分析

问卷调查数据显示（见表 4-7），产业发展的 4 个影响因素中，影响程度最大的两个因素是领军企业和稳定的政策环境，二者的影响程度平均得分均为 0.87 分，这与我们国家的基本国情一致。企业是创新的主体，领军企业更是企业中的领路者，政策环境则为产业发展提供了稳定的资源保障。某些西方国家的技术封锁虽然也有影响，但是在产业发展中的影响程度相对最低，平均得分为 0.78 分，表明我国硬科技产业的发展有自力更生的信心和底气。

表 4-7 产业发展对不同硬科技领域的影响

行业领域	领军企业的影响程度得分	上下游产业链的影响程度得分	稳定的政策环境的影响程度得分	某些西方国家的技术封锁的影响程度得分
电子信息	0.87	0.84	0.87	0.79
生物与新医药	0.88	0.83	0.87	0.77
航空航天	0.89	0.85	0.89	0.81
新材料	0.86	0.83	0.86	0.78

行业领域	领军企业的影响程度得分	上下游产业链的影响程度得分	稳定的政策环境的影响程度得分	某些西方国家的技术封锁的影响程度得分
高技术服务	0.88	0.84	0.88	0.79
新能源与节能	0.86	0.83	0.87	0.76
资源与环境	0.85	0.78	0.83	0.74
先进制造与自动化	0.87	0.83	0.86	0.78
平均得分	0.87	0.83	0.87	0.78

　　具体来说，电子信息领域中，领军企业和稳定的政策环境的影响程度得分均为 0.87 分，上下游产业链的影响程度得分为 0.84 分，某些西方国家的技术封锁的影响程度得分为 0.79 分。领军企业在生物与新医药领域中的影响程度得分比电子信息领域高出 0.01 分，稳定的政策环境在生物与新医药领域中的影响程度得分则与在电子信息领域中的相同，该领域上下游产业链和某些西方国家的技术封锁的影响程度得分分别为 0.83 分和 0.77 分。领军企业和稳定的政策环境在航空航天、新材料、高技术服务等领域中的影响程度得分一致。在新能源与节能领域，稳定的政策环境的得分高于领军企业，是 8 个领域中唯一出现这个特点的领域。在资源与环境领域，上下游产业链的影响程度得分没有达到 0.80 分，是 8 个领域中比较特殊的一个。在先进制造与自动化领域，领军企业的影响程度得分比稳定的政策环境高出 0.01 分。

　　企业是创新的主体，是推动创新创造的生力军。要推动企业成为技术创新决策、研发投入、科研组织和成果转化的主体，培育一批核心技术能力突出、集成创新能力强的创新型领军企业。创新型领军企业是科技创新的中流砥柱，是推动高质量发展的重要载体，能够将人才、资本、技术等创新要素加以集聚整合，充分发挥示范效应和倍增效应，起到服务器、孵化器和推进器的作用。当前，无论是推动经济高质量发展，还是加快建设创新型国家，都需要我们坚持以企业为主体，通过打造一大批创新型领军企业，提升整体创新实力。

近年来，美国加紧对我国实施高科技产品出口限制、投资审查、技术封锁、人才交流中断以及以国家安全名义联合盟友遏制我国科技企业等措施，全面遏制对华技术转让，试图弱化我国的科技影响力。国外的技术封锁对我国硬科技发展确实形成了一定的负面效应。

供应链安全和产业链安全也是产业发展的重要影响因素。2018 年，工业和信息化部对全国 30 多家大型企业的 130 多种关键基础材料进行调研，结果显示，32% 的关键材料在我国仍为空白，52% 依靠进口，计算机和服务器通用处理器中，95% 的高端专用芯片、70% 以上智能终端处理器以及绝大多数存储芯片依赖进口。在如此形势下，我们必须认识到，某些西方国家对我国科技发展的限制措施，使我国科技发展的未来走势具有很大的不确定性，要争取战略主动和最终胜利，就需要在科技竞争中争取主动，借势谋势、借力打力、扬长避短，发挥好自身优势，练好内功、强筋健骨。

4. 政策制度及影响分析

政策制度的影响因素包括人才政策、税收优惠政策、知识产权保护政策和专项基金 4 个。问卷调查数据显示（见表 4-8），这 8 个硬科技领域的得分分布非常均衡，基本没有明显的差异，4 个影响因素的影响程度平均得分分别为 0.89 分、0.88 分、0.88 分和 0.88 分，即人才政策的影响程度比其他 3 个因素稍大，这与前面科研创新部分的调查结果是相互呼应的，核心技术人员对科研创新最为重要，而要留住核心技术人员、保证核心技术人员的利益，则需要国家层面人才政策的连续性。

由于 8 个硬科技领域中这 4 个因素的影响程度几乎无差别，故不再展开分析。

表 4-8　政策制度对不同硬科技领域的影响

行业领域	人才政策的影响程度得分	税收优惠政策的影响程度得分	知识产权保护政策的影响程度得分	专项基金的影响程度得分
电子信息	0.90	0.89	0.89	0.89
生物与新医药	0.90	0.88	0.89	0.88
航空航天	0.90	0.88	0.89	0.89
新材料	0.89	0.88	0.88	0.87
高技术服务	0.90	0.89	0.90	0.90
新能源与节能	0.89	0.89	0.88	0.88
资源与环境	0.85	0.85	0.84	0.85
先进制造与自动化	0.89	0.88	0.88	0.88
平均得分	0.89	0.88	0.88	0.88

创新需要一定条件才能实现，充分的条件有助于形成一种富有生机活力的创新机制。科技创新能力的建设离不开科技创新环境。基础设施是硬科技创新环境的硬件条件，而科技创新政策和制度、创新机制、激励机制等则是软件条件，二者相辅相成、缺一不可。

税收政策方面，层次分明的税收优惠政策非常重要。此外还要与硬科技产业规模化发展的要求相结合，合理确定政策扶持的主要领域，建立强度有别的税收优惠政策，防止政府资金使用得过度分散，确保加大在硬科技空间集聚的环境设施建设、平台建设、人才技术共享机制建设上的资金投入强度。

人才政策方面，2019 年 10 月，党的十九届四中全会通过的《中共中央关于坚持和完善中国特色社会主义制度 推进国家治理体系和治理能力现代化若干重大问题的决定》指出，"尊重知识、尊重人才，加快人才制度和政策创新，支持各类人才为推进国家治理体系和治理能力现代化贡献智慧和力量"。着力提高人才政策质量，既是全面推进国家治理体系和治理能力现代化的有效路径，也是助力新时代我国硬科技发展的必然选择。从社会发展与人才成长规律的综合角度制定人才战略，要打好"福利型政策""保障型政策""环境型政策"这套组合拳，将人才发展周期和产业建设周期、城市升级周期相结合，在此过程中吸引人才、培养人才、留住人才。

5. 创新环境及影响分析

问卷调查数据显示（见表4-9），创新环境包括的创新载体、技术经理人、金融机构、企业在国家高新区发展、天使投资和风险投资等方面，影响程度平均得分最高的是创新载体，得分为 0.81 分，其次为技术经理人，得分为 0.80 分，其他因素之间的得分差距在 0.01 ～ 0.02 分，可见创新载体和技术经理人是对硬科技创新能力提升影响程度最大的两个因素。

具体来说，电子信息领域中，创新载体的影响程度得分为 0.82 分，技术经理人的影响程度得分为 0.81 分，企业在国家高新区发展、金融机构、天使投资和风险投资等的影响程度得分一致，均为 0.79 分。在生物与新医药领域中，创新载体和技术经理人也是影响程度最大的两个因素，影响程度相对较低的是天使投资和风险投资，得分为 0.76 分。其他领域中，除了在新能源与节能领域中创新载体和技术经理人的影响程度得分相同以外，创新载体在其他领域中的影响程度得分都是最高的，技术经理人的影响程度得分排在第二，天使投资和风险投资的影响程度得分普遍相对较低。

表 4-9　创新环境对不同硬科技领域的影响

行业领域	创新载体的影响程度得分	技术经理人的影响程度得分	金融机构的影响程度得分	企业在国家高新区发展的影响程度得分	天使投资和风险投资的影响程度得分
电子信息	0.82	0.81	0.79	0.79	0.79
生物与新医药	0.81	0.79	0.78	0.78	0.76
航空航天	0.84	0.82	0.80	0.80	0.76
新材料	0.80	0.79	0.78	0.76	0.74
高技术服务	0.83	0.82	0.80	0.79	0.79
新能源与节能	0.81	0.81	0.79	0.76	0.76
资源与环境	0.78	0.77	0.76	0.74	0.74
先进制造与自动化	0.81	0.80	0.77	0.77	0.74
平均得分	0.81	0.80	0.78	0.77	0.76

2014 年 6 月，习近平总书记在两院院士大会上指出，如果把科技创新比作我国发展的新引擎，那么改革就是点燃这个新引擎必不可少的点火系。对硬科技发展来说，在经济新常态下，由后发优势转向先发优势，实施创新型驱动发展，需要深化体制改革，完善促进创新的机制和制度，营造良好的市场、法治、政策环境，优化创新、创造、创业生态，以形成推动经济持续发展的先发优势。

硬科技的创新会受到旧制度的约束，而创新驱动需要通过改革来培育市场化创新机制，构建有利于创新发展的市场竞争环境、知识产权制度、投融资体制、分配制度、人才培养与引进机制，找到最佳的政策组合，建立有效的激励机制和利益协调机制，形成有利于激发全社会创造力的体制，构建有利于创新资源的高效配置和创新潜能的充分释放的社会环境，筑牢实现先发优势发展模式的制度基础。

6. 5 类因素综合影响比较及其他因素的影响分析

通过计算基础支撑、科研创新、产业发展、政策制度和创新环境这 5 类因素的影响程度得分均值可以看出（见表 4-10），科研创新和政策制度这两类因素的影响程度平均得分高于其他 3 个方面，均为 0.88 分。这表明对于硬科技发展来说，科研创新和政策制度是影响程度最大的两个主范畴。

表 4-10 各类因素对不同硬科技领域的综合影响

行业领域	基础支撑的影响程度得分	科研创新的影响程度得分	产业发展的影响程度得分	政策制度的影响程度得分	创新环境的影响程度得分
电子信息	0.82	0.89	0.84	0.89	0.80
生物与新医药	0.82	0.89	0.84	0.89	0.78
航空航天	0.84	0.89	0.86	0.89	0.80
新材料	0.82	0.88	0.83	0.88	0.77
高技术服务	0.83	0.89	0.85	0.90	0.81
新能源与节能	0.81	0.87	0.83	0.89	0.79
资源与环境	0.79	0.84	0.80	0.85	0.76
先进制造与自动化	0.81	0.87	0.84	0.88	0.78
平均得分	0.82	0.88	0.84	0.88	0.79

　　其他因素主要在于精神层面，弘扬工匠精神是对中国硬科技创新发展的驱动赋能。当前中国硬科技发展要为经济高质量发展服务，技术创新、技术产品等在社会中大规模泛化应用非常重要。而一国之产品质量，往往被视为一国之文明程度；一国产品之信誉，往往是一国之国民尊严。一个国家如果没有工匠精神，就不会有真正的世界品牌。2014年8月，习近平总书记在中央财经领导小组第七次会议上的讲话中强调，创新始终是推动一个国家、一个民族向前发展的重要力量。传承和弘扬工匠精神、培育和营造中国硬科技创新创造的工匠制度和工匠文化，正是中国建设硬科技强国的关键所在。

　　此外，企业家精神也非常重要。改革开放以来，企业家精神在我国社会主义市场经济体制建立和完善过程中成长，在对外开放水平不断提升的过程中壮大，对经济发展、社会稳定和综合国力的提升作出了重要贡献。"企业家要带领企业战胜当前的困难，走向更辉煌的未来，就要弘扬企业家精神，在爱国、创新、诚信、社会责任和国际视野等方面不断提升自己，努力成为新时代构建新发展格局、建设现代化经济体系、推动高质量发展的生力军。"在2020年7月21日召开的企业家座谈会上，习近平总书记就弘扬企业家精神提出了以上几点希望。对硬科技发展来说，我们身处孤立主义、反全球化思潮抬头的国际环境，我国经济本身在一些核心技术或核心零部件方面还存在短板，整个供应链还难以形成闭环，此时，企业家以"实业"爱国、以"实业"强国，企业家精神便内含创新精神。中国经济应对中长期挑战，特别是在新冠肺炎疫情暴发后全球政经格局可能发生较大变化的背景下，全球产业链供应链可能面临重构，要弥补我国在硬科技方面的核心技术、核心领域短板，形成在产业链供应链上的闭环，从价值链中低端环节向高端环节迈进，实现主体就是企业，而企业的向上动力内核就是企业家精神。因此，企业家精神对硬科技发展至关重要。

硬科技

▶ 第五章

若干国家（地区）
硬科技发展的经验

近年来，虽然我国在硬科技发展方面取得了显著进展，但是与先进创新型国家（地区）相比仍有较大差距。学习这些国家（地区）在硬科技研发以及硬科技产业发展方面的经验，有助于加快完善我国发展硬科技的体制机制。

一、国家力量引领硬科技的产业发展

国家层面上的科技竞争越发激烈，使得国家的作用得以强化。国家力量在推动硬科技产业发展方面起着举足轻重的作用。

1. 顶层设计指引硬科技的发展方向

2008 年金融危机以来，世界经济持续低迷。世界主要国家持续加大科技投入，并陆续实施国家科技力量重组、科研布局调整优化等一系列重大改革举措，以谋求加快经济复苏和实现可持续发展。这导致国家之间的技术创新竞争更加激烈。各发达经济体均结合本国国情及对创新发展方向的预判，积极构建科技创新的顶层设计，制定硬科技创新战略计划。对于战略计划，各个国家（地区）出发点的侧重略有不同，但整体趋势相差无几，具体情况如表 5-1 所示。

表 5-1　主要国家（地区）的科技战略计划

国家（地区）	战略计划	主要内容
美国	抗癌"登月计划"	为推动这一计划，时任美国总统奥巴马提议在 2016—2017 年投入约 10 亿美元（美国国家卫生研究院在 2016 年出资 1.95 亿美元用于癌症研究，2017 财政年度白宫要求美国国会批准在这一方面投入 7.55 亿美元）。 重点支持的领域将包括癌症预防与疫苗研发、早期癌症检测、癌症免疫疗法与联合疗法、对肿瘤及其周围细胞进行基因组分析、加强数据分享、儿童癌症研究等。
欧盟	"地平线 2020"	2014—2020 年，欧盟正式启动投资总额达 700 多亿欧元的"地平线 2020"科研规划，这一科研规划也被称为第 8 个欧盟科研框架计划。 规划囊括了欧盟各个层次的重大科研项目，主要分为 3 个部分：基础研究、应用技术和应对人类面临的共同挑战。"基础研究"预算约 244 亿欧元，主要用于支持最有才华和创造能力的个人及团队开展高质量前沿研究，支持在具有前景的新领域开展研究和创新合作，为科研人员提供高层次培训和职业发展机会，确保欧盟具有开放的、世界级的科研基础设施；"应用技术"预算约 170 亿欧元，用于推动信息技术、纳米技术、新材料、生物技术、先进制造技术和空间技术等领域的研发；"应对人类面临的共同挑战"预算约 296 亿欧元，涉及应对气候变化、绿色交通、可再生能源、食品安全、老龄化等领域问题的研发，用于建设包容、创新、安全的社会等
日本	"超智能社会"建设计划	日本国家科研计划每 5 年更新一次。2016 年 1 月 22 日，日本内阁会议通过《第五期科学技术基本计划（2016—2020）》。该计划实施周期为 2016—2021 年，最核心的内容是提出建设全球领先的"超智能社会"。 日本正面临人口减少和老龄化问题，社会保障费用不断提高，税收却增长乏力，因此，需要通过科技创新提高生产率，以实现经济增长和创造就业。"超智能社会"旨在通过最大限度地利用信息通信技术，将网络空间与现实空间融合，使每个人都能最大限度地享受高质量服务和便捷生活

国家（地区）	战略计划	主要内容
日本	"超智能社会"建设计划	为建成"超智能社会"，日本政府和民间的研发投入总额占 GDP 的 4% 以上，其中政府投入占 GDP 的 1%。按照这一计划期间日本 GDP 增长率为 3.3% 估算，政府研发投入总额将达到 26 万亿日元
德国	"新高科技战略"	"新高科技战略"共提出 6 项优先发展任务，分别为数字经济与社会、可持续经济与能源、创新工作环境、健康生活、智能交通和公民安全。 其中，数字经济与社会任务旨在抓住数字化机遇，下设"工业 4.0"、智能服务、智能数据、云计算等多个子领域；可持续经济与能源任务包括能源研究、绿色经济、可持续农业生产、未来城市等，能源研究主要针对如何落实能源转型，发展可再生能源和提高能效。 除了这 6 项优先发展任务，"新高科技战略"的内容还包括加强国内外产学研合作、增强经济创新动力、推出有利于创新的机制以及在提高透明度的前提下推动社会各界参与创新对话等
英国	投资基础研究	2014 年，英国政府宣布向多个基础研究领域的科研项目投入总计 3 亿英镑的资金支持，并将其作为长期经济规划的一部分。这笔资金将用于天文、量子技术、深空探测等领域，而这些看似非常基础的科研领域实际上能带来大量实用的技术创新和就业机会，不但有助于确保英国的科研实力在世界上处于领先地位，还有望每年为英国创造 1.5 亿英镑的产值

美国经济学家迈克尔·波特在对几十个国家的竞争优势做详细分析的基础上，将各国经济发展分为要素驱动、投资驱动、创新驱动和财富驱动 4 个阶段。按照波特的四阶段理论，我国现在正处于从要素驱动和投资驱动向创新驱动过渡的重要阶段。我国要实现创新驱动发展、要提升自身的创新实力，一个重要的方式就是利用国家力量，打破发达国家的技术封锁，通过强化国

家战略科技力量、制定科技强国行动纲要，健全社会主义市场经济条件下的新型举国体制，打好关键核心技术攻坚战，提升创新链整体效能。

2. 国家投入是硬科技产业发展的基石

国家投入对于基础研究、前沿性研究和高技术研究非常重要。由于前沿技术的研发成本很高，并且研发结果和所需时间充满不确定性，企业更倾向于采纳和改进经实践检验的现有技术，而不是热衷于拓展前沿技术。在这种情况下，政府在根本性创新方面发挥着决定性的作用。

最具有创新性和反传统性的产品与政府推行的大规模基础性科研计划或项目分不开。玛丽安娜·马祖卡托所著的《创新型政府：构建公共与私人部门共生共赢关系》一书中明确揭示了这一规律。马祖卡托对苹果公司的案例进行了详尽的分析："使乔布斯的 iPhone 如此智能的所有技术（互联网、地理信息系统、触摸屏显示器和 Siri 语音助手）都是政府资助的。这种蕴含着极大风险的慷慨投资绝不会因风险资本家或车库创业者们的存在而出现，是政府这只看得见的手促成了这些创新的发生。"

在一些高新技术产业领域，政府的作用尤为重要。在美国制药业，马祖卡托非常明确地指出，"最具有革命性意义的新药物主要是用公共资金而不是私人资金生产的""风险资本在政府对生物技术行业的投资中冲浪""在美国，在高新技术行业，公共资金研发投入日益增加，如制药业，而私人资金研发投入日益下降。根据拉佐尼克和图鲁姆的观点，在过去 10 年里，美国国家卫生研究院花费了超过 3000 亿美元（仅 2012 年就高达 309 亿美元）"。一些前沿技术，例如绿色技术，其第一桶金通常来自政府有关部门或国家政策性银行。

此外，国家的创新投入还是其他创新的基础和源头。美国硅谷的初创企业事实上都得益于它们与世界上最大的科研机构之一——斯坦福大学有密切的关系，而斯坦福大学恰好是一所由政府资助的大学。因此，硅谷的初创企业不同于遍布全国的普通中小企业，它们与斯坦福大学这个庞大的科研中心有着密切的关系。正是由于这个原因，在美国高科技行业有着明显的"集聚"效应，小型初创企业通常紧邻大型的、由政府资助的知识中心。

3. 产学研用平台为硬科技发展提供重要支持

企业是硬科技创新的主体，而企业开展的研发活动往往是独享式的，这是由企业所遵循的直接利益最大化导向所决定的。而硬科技研发难度大、周期长的性质决定了独享式的研究效率不高，由政府及其主导的、产业研究组织领导的共享式合作研究模式更适用于硬科技研发。

比利时微电子研究中心（Interuniversity Microelectronics Centre，IMEC）成立于1984年，总部位于比利时鲁汶，是纳米电子和数字技术领域的前瞻性大型创新中心。在过去的30多年间，IMEC一直走在全球硬科技创新的前沿，并与IBM公司和英特尔公司并称为全球信息技术领域研发力量的"3I"。

IMEC的分享式研究模式的主要做法是搭建一个开放式的产学研用平台，通过邀请高校和各大科技企业参与研究项目，一方面连接了产业界和学术界，解决了科研与产业脱节的难题；另一方面连接了产业上游的设备商／材料商与产业下游的制造商，从而在工艺的研发阶段构建出了产业链各方相互合作的市场生态，极大地降低了工艺成熟后产业链上下游企业相互磨合的成本。

IMEC的分享式研究模式主要分4类：产业联合项目、与当地高校合作开展基础研究、受邀与企业开展双边合作以及申请参与欧洲政府项目。以产业联盟项目为例，多年的研发积累使得 IMEC 拥有了丰富的产业共性基础技术，不同的高科技企业有着对共性基础技术的共同需求，通过向 IMEC 支付入会费和研究年费来参与研发项目，IMEC 通过开放共享的知识产权和转化收益分配规则来较好地平衡各方利益。以 IMEC 的 193 nm 深紫外线芯片工艺项目为例，共有来自全世界的 30 多个研究活动主体参加此项目，其中包括顶尖芯片生产商（如英特尔、AMD、Micron、德州仪器、飞利浦、意法半导体、英飞凌和三星等）、设备供应商（如 ASML、TEL、Zeiss 等）、基础材料供应商（如 Olin、Shipley、JSR、Clariant 等）、芯片设计软件供应商（如 Mentor Graphics 等）以及 4 个来自美、欧、日的集成电路产业联盟（SEMATECH、IST、MEDEA 和 SELETE）。参与此项目的合作伙伴通过 IMEC 的战略研发平台，很快在先进制程芯片的核心制造工艺上取得了重大突破。

以 IMEC 为典型代表的分享式研究模式是世界公认的最合理的政产学研用合作模式之一。政府主导搭建的产学研用深度合作的平台，能够集聚高校、科研院所、高科技企业等各类型主体的创新资源，各方在技术研发和产业化过程中互相合作，打造科技创新的"公共领地"。这种模式既分散了研发、技术等各种风险，又平衡了各方利益，能够吸引优秀人才和社会资本参与，并突出研究成果的市场化转化，事半功倍。

4. 国家支持为硬科技企业雪中送炭

企业在硬科技研发及其市场化转化的过程中难免遇到挫折，硬科技不会因此而消失，总会有新的企业来接棒，这是一种市场规律。但是，"毁灭—再接棒"的模式对一个国家和相关产业而言，代价往往过于巨大，故而国家适时的支持可以帮助硬科技企业渡过难关，从而免受"灭顶之灾"。

（1）政府接管助罗尔斯·罗伊斯公司渡过财务危机

航空发动机产业是关乎国防安全的重要战略性产业，而生产一款可用的航空发动机产品之所以困难，不仅在于要在其设计和制造环节中解决大量具体的工程技术问题，更在于其整个系统在热力、机械、结构、控制等方面的高复杂性所导致的不可预测性，因此只能通过"设计—制造—试验—修改设计—再制造—再试验"的迭代路径进行摸索，才能得到具体工程问题的解决方法。这些方法是航空发动机硬科技的核心，并且极有可能随着企业的消亡而遭受重大损失。

正是由于航空发动机硬科技技术的宝贵性和易失性，航空发动机企业历来都被世界各国政府视若珍宝。英国罗尔斯·罗伊斯公司是世界研发和制造高性能航空发动机的三巨头之一，也是其中唯一的一家非美国企业。1914年，罗尔斯·罗伊斯公司得到法国雷诺集团的授权，开始小批量试产 V8 发动机。到了 20 世纪 20 年代后期，航空发动机已经成为罗尔斯·罗伊斯公司最主要的业务。第二次世界大战期间，罗尔斯·罗伊斯公司生产了超过 16 万台梅林发动机，这是第二次世界大战期间产量最大的航空发动机。罗尔斯·罗伊斯公司还是最早进行喷气式发动机研发和制造的企业之一，并且在 20 世纪 70 年代以前是喷气式发动机领域的绝对霸主，代表产品就是用于为著名的协和飞机提供动力的奥林匹斯 593 Mk610。

随着 20 世纪 60 年代之后航空工业领域的寡头化进程加快，由飞机整机制造商提供的航空发动机订单的金额越来越大，同时数量急剧减少，这使得航空发动机企业之间的竞争日趋激烈。为了拿出更有竞争力的产品，航空发动机企业纷纷投入巨额资金进行研发，这使得罗尔斯·罗伊斯公司陷入了危机。1967 年，为了给洛克希德公司的 L-1011 三星客机提供动力，罗尔斯·罗伊斯公司开始研发 RB211 发动机，在设计时第一次采用了高涵道比的结构，并为了进一步提高效率，引入了前所未有的三阀芯技术和碳纤维复合材料。设计上的创新大大加剧了研发和测试的复杂性。到了 1970 年，用于研发 RB211 发动机的费用已经高达 1.703 亿英镑，超过了最初预算的两倍，1971 年 1 月，罗尔斯·罗伊斯公司申请破产，英国政府立即接管了罗尔斯·罗伊斯公司，接手其资产和债务，并争取到了美国政府的银行贷款提供担保。1972 年，RB211 发动机研发完成。事实证明这是一款非常卓越的产品，其各种型号被广泛用于波音 747、波音 757、波音 767 和图-204 等飞机。RB211 发动机生产了 25 年，后续一系列发动机均是在其基础上研制的。

事实证明，英国政府不仅挽救了罗尔斯·罗伊斯公司，更挽救了该国自主的航空动力硬科技，挽救了该国的航空发动机产业以及其背后对国防而言至关重要的航空工业。

（2）俄罗斯通过整合企业来缓解硬科技产业衰落困境

硬科技产业的发展对一个国家而言具有重要的战略意义，同时其发展状况也与一个国家的经济状况及政治环境密切相关。"合久必分，分久必合"，在产业垄断程度较高时，国家需要通过拆分行业主体以鼓励竞争，而在产业整体衰落时，国家应推动整合行业主体以实现力量集中、优势互补。

俄罗斯从苏联继承了一批具有传统优势的产业，这其中以航空工业和航天工业为代表。从企业的角度看，苏联在航空工业领域，有以制造战斗机产品见长的苏霍伊和米格设计局，有以制造轰炸机见长的图波列夫设计局，有以制造运输机和民航客机见长的伊留申设计局；在航天领域，有制造火箭的中央专业设计局，有开发火箭发动机的 OKB-456 设计局，有制造卫星的科罗廖夫设计局。这些企业相互之间完全独立，在拥有各自优势产品的同时，也有相当多的技术和产品类型上的交叉，在苏联时代形成了相互竞争、百花齐放的局面。苏联在 20 世纪 80 年代后期占据了世界民用航空工业产值的 25%，占据了军用航空工业产值的 40%。1989 年，苏联的航天预算为 69 亿卢布，占其 GDP 的 1.5%。

苏联的解体对其本土航空工业和航天工业的影响是灾难性的。1990 年苏联生产了 715 架民用飞机，而当俄罗斯继承了苏联的主要航空工业后，1998 年造了 54 架民用飞机，2000 年只造了 4 架民用飞机。俄罗斯的航天计划支出也由于经济困难而被迫大幅削减，到 1998 年，俄罗斯的年度航天预算已经比苏联解体时的 1991 年减少了 80%。

为了拯救这两项硬科技产业，俄罗斯政府对苏联时代行业结构高度细分的航空和航天产业进行了一系列的整合。1996 年 1 月，俄罗斯政府将 12 家主要飞机制造企业整合为"军事工业园区 – 莫斯科飞机生产协会"，在此基础上又把飞机零部件制造企业联合起来，于 2005 年成立了联合飞机公司并向其大量注资。在航天产业，俄罗斯于 1992 年成立了联邦航天局，逐渐改变了以往苏联时代设计局的话语权超过国家的局面，同时将原有分散的航天工业企业整合成主要负责卫星任务的列舍特涅夫信息卫星系统公司和主要负责载人航天的 S.P. 科罗廖夫公司，并在 2013 年将二者进一步整合为联合火箭航天公司。

俄罗斯政府的行业整合举措拯救了一大批濒临消亡的航空航天企业，同时也使得硬科技产业有了复苏的迹象。俄罗斯的飞机制造业从 2001 年开始有了年均 8% 的增长，在全球经济危机严重的 2009 年还实现了 19.5% 的增长。在航天领域，俄罗斯在 2000 年前卖出了 101 台 RD-180 火箭发动机，并通过对外提供发射服务赚取了 43 亿美元。俄罗斯还重新加大了对航天领域的投入，2011 年的航天预算达到了 1150 亿卢布（约 100 亿元人民币）。

俄罗斯政府通过对航空航天领域企业的大力整合，减少了无效的国内竞争，优化了产业结构，从而在最大程度上保护了这两个在苏联时期留下的硬科技资产，从中我们也可看出国家力量在优化硬科技产业发展方面的重要作用。

二、国际竞争深刻影响硬科技发展版图

本节将以部分国家或地区的硬科技产业的发展过程为例，主要讲述国际竞争为产业发展带来的机遇。

1. 国际产业竞争为硬科技发展带来新机遇

第二次世界大战后的日本依靠美国的扶持快速崛起，以半导体为代表的硬科技产业发展取得了辉煌的成就。20 世纪 80 年代，日本半导体产业被美国强力打压，韩国抓住历史机遇，推动本国半导体产业快速成长，打造了以三星电子为代表的一批半导体领域的硬科技领军企业。

（1）日本依靠美国的支持快速发展半导体产业

20 世纪 50 年代初，美国为了牵制苏联与中国，开始扶植日本并向其大规模转移先进技术。日本电子信息技术产业协会的一项统计数据显示，美国对日本的半导体技术转移项目从 1950 年的 22 个，快速增长至 1952 年的 133 个，短短两年时间增长了 5 倍多。1953 年，日本从美国的西屋电气引进

了晶体管技术，并凭借收音机、电子计算器等大众化半导体产品打开了包括美国在内的国际市场。1959年，日本向美国出口的半导体收音机达到了400万台，并凭此获利5700万美元，仅仅6年后，1965年，日本半导体收音机的出口量就迅猛增长至2421万台。即便如此，由于技术上的巨大差距，那时的日本还没有被美国视为贸易竞争对手。

与美国无视日本在半导体领域的贸易进攻形成鲜明对比的是，日本非常重视保护本国的半导体产业。从20世纪50年代开始，日本通产省就以"保护幼稚产业"的名义，采取严格的关税壁垒和贸易保护政策。1964年，美国德州仪器公司提出要进入日本市场，但在经过与通产省长达4年的拉锯谈判之后，才于1968年以同日本索尼公司组建合资公司的方式进入日本，并接受了苛刻的半导体制造技术转移和市场份额限制的条款。

而除了贸易出口，日本也在技术研发上加紧追赶美国的步伐。1961年12月，日本通产省所属的电气实业所研制出了日本的第一块集成电路，仅仅比美国晚了两年。此时的美国仍然认为日本只是依靠成本优势占据一部分像收音机一类技术含量低的产品市场，而日本正在一边加强技术研发，一边努力提高生产效率。1963年，日本电气股份有限公司（简称日电）通过向美国仙童半导体公司（简称仙童半导体）引进平面光刻技术，解决了晶体管的批量生产问题，使得晶体管的年产量由50只跃升至1.18万只。在日本通产省的主导之下，日电引进的技术还被共享给了三菱等日本企业。1976年3月，日本通产省牵头，将日立、日电、富士通、三菱、东芝等国内五大企业联合起来，投入720亿日元实施了"VLSI计划"，并采用"赛马机制"作为合作研发策略，该计划最终在4年内产出了1210项专利和347件商业机密成果，使得日本在当时新兴的动态随机存取存储器（Dynamic Random Access Memory，DRAM）领域取得突飞猛进的技术进展，到20世纪80年代初，日本的 DRAM 产品在全球市场的占有率超过了 80%。

（2）美国强力压制日本半导体产业的发展

1983 年美国商务部认定，"对美国科技的挑战主要来自日本，目前虽仅限于少数的高技术领域，但预计将来这种挑战将涉及更大的范围""维持及保护美国的科技基础，才是国家安全保障政策上生死攸关的重要因素"。自此，美国开始在半导体等领域从技术和贸易上对日本采取防范措施。

随着以半导体产品为代表的日本科技产品在美国及全球的市场份额快速增长，1985 年，美国贸易逆差为 1485 亿美元，其中日本贡献了近 1/3，其后更一度占到了 40%。

美国意识到必须直接压制日本半导体产业的发展。1985 年，美国半导体产业协会要求美国时任总统里根根据"301 条款"处理日本的"不正当竞争"问题。1986 年初，日本的存储芯片被美国认定为倾销；同年 9 月，在美国政府强力施压之下，日本同美国签订了为期 5 年的《日美半导体保障协定》，这一协议强迫日本开放本国的半导体市场，并向美国企业授权知识产权和专利。1987 年，美国开始对从日本输入的 DRAM 芯片征收 100% 的惩罚性关税。

受到技术和经济上双重打击的日本半导体产业自 20 世纪 90 年代初开始显出颓势，到 20 世纪 90 年代中期，日本半导体产业的全球市场占有率已不足 30%。

（3）韩国半导体产业受益于美日争端得以快速发展

一直到 20 世纪 70 年代，半导体产业在韩国还局限于组装出口业态的劳动密集型产业。1975 年，韩国政府提出《推动半导体发展的六年计划》，强调实现电子配件及半导体生产的本土化，但这一主张在当时并没有获得社会的普遍支持。韩国三星集团首先认识到了发展半导体产业的重要意义，并于

1975 年成立了半导体部门。

美国和日本在半导体领域的激烈竞争成为韩国发展半导体产业的巨大契机。1983 年，三星决定开始研发 DRAM 芯片作为其核心半导体产品，在美国政府的授意下，美国美光公司向三星公司转让了 64 KB DRAM 产品的生产技术，使得三星电子作为一个行业入门者，就直接跳过 8 KB、16 KB 的技术阶段，一跃从当时主流的 64 KB DRAM 产品起步。除此之外，美国还迫使日本政府同意三洋公司和夏普公司向三星公司转让半导体生产线技术。1982—1986 年，美国英特尔等半导体企业累计向韩国转让或协助转让了 53 项半导体技术，这些技术使得韩国半导体产业在一开始就站在世界领先的起点上。

韩国半导体企业受益于美日半导体竞争，这不仅表现在技术获取方面，还表现在市场份额获取方面。1985 年，日本承诺通过减少 DRAM 产量来提高芯片价格，但当时美国计算机市场因个人计算机产品的畅销正呈爆发式增长的态势，而美国本土的半导体企业受困于与日本企业的竞争劣势，早已削减了自身产能甚至退出了市场，这导致全球市场上 256 KB DRAM 芯片严重短缺。三星电子抓住了这一机会，利用自身产能优势占领了原本属于日本的美国市场，并利用美国对日本半导体企业的限制迅速扩大自身在全球存储器市场中的优势，自 1992 年成为世界第一以来，三星电子在全球存储器市场中的占有率常年保持在 30% 以上。

（4）中国半导体在美国的封锁下凝聚全社会力量攻关

1949 年，在美国提议下成立了巴黎统筹委员会，以限制对社会主义国家出口战略物资和高技术，其中就有半导体技术。王守武、黄昆、谢希德、高鼎三、吴锡九、林兰英、黄敞等大批半导体领域的学者从海外学成归国，加入国家的科技建设浪潮之中。1956 年，党中央关注到国际半导体行业发展态势，提出了中国也要研究半导体科学，把半导体、计算机、自动化和电子学这 4 个国际上发展迅速而国内急需的高新技术列为四大紧急领域，在"重点发展、迎头赶上"和"以任务带学科"的方针指引下，我国半导体事业从无到有，开始了发展进程。此后，国家持续围绕半导体发展，做了系列布局，我国半导体行业获得了又一次长足的发展。

但是，一方面，新中国初始"一穷二白"的国情和主要社会矛盾决定了我国当时的主要建设任务是大工业体系，对科技上的投入不足；另一方面，当时国外通过关键技术上的封锁（尤其是遏制我国自造半导体器件和芯片）来对我国销售半导体终端产品并赚取科技红利，在此阶段我国获取半导体终端产品的难度并不大。我国对内投入不足、对外依赖进口的模式，尚能基本满足国内对半导体产品的需求。这导致我国半导体产业与国外的差距逐渐拉大，对半导体进口的依赖程度越来越高。2019 年，我国芯片进口总额高达3040 亿美元。

随着全球局势的演变及我国科技发展势头的凸显，美国为遏制我国的科技发展，进一步收紧对我国半导体产业的封锁，从关键核心技术扩展到终端产品芯片，甚至怂恿其他国家就半导体相关制造设备（如光刻机等）对我国进行全面封锁，使得我国依靠进口满足国内需求的模式难以为继。在此背景下，我国开启新一轮半导体、芯片产业攻关，凝聚社会各界力量参与半导体产业链创新，并在国家层面制定了一系列重大专项计划，成立国家大基金加码半导体行业。与此同时，我国也涌现出一批攻关半导体、芯片的平台、机构和企业。目前中国半导体产业协同攻关生态正在形成，在国家创新驱动发展和世界科技强国建设的激励下，我国半导体产业势必在不久的将来实现重大突破。

2. 产业模式转变为硬科技带来新市场

产业模式的变化，必然带来对新的硬科技的需求。以台积电为代表的半导体制造企业，正是抓住了半导体行业从 IDM 向无厂模式转变的窗口期，凭借掌握一系列在集成电路生产上的硬科技优势，占领了全球半导体代工市场。

（1）先进制程更新带来越来越多的资本和越来越高的技术壁垒

制程是指半导体制造过程中生产工艺所能处理的最小线宽，也就是"特征尺寸"。制程减小有多方面的意义：首先，可以在更小的芯片中集成更多的晶体管，让芯片不仅不会因技术提升而变得更大，反而会减小体积；其次，可以提高处理器的运算效率；再次，可以降低耗电量；最后，芯片缩小体积后，更容易被应用在小型设备中，从而可以满足更多元化的需求。

制程减小带来的巨大效益让半导体企业竞相追赶特征尺寸不断缩小的潮流，这使得半导体产业的先进制程呈现规律性变化，这一规律被总结为著名的"摩尔定律"，即每隔 18 ~ 24 个月，半导体的特征尺寸缩小一半，从而在售价不变的条件下，使得芯片在单位面积上可容纳的元器件的数量增加一倍，性能也提升一倍。

在制程不断减半的同时，半导体制造行业的资本密集度和技术密集度呈指数级增长。制程的减小使得元器件的密度大幅增加，单个元器件所含的原子数目越来越少，在工艺制作过程中，只要出现个别原子掉出或杂质原子混入，就会造成缺陷，降低产品的良率，从而增加制造成本。同时，先进制程要求晶体管结构不断创新，使其形态越来越复杂，半导体制造流程中的工序越来越多、设备性能要求越来越高。半导体工艺和技术的密集程度可以用"设计规则检查"环节的数量来衡量，在 0.18 μm 工艺时代，这一数量是 630 左右，到 90 nm 时已经增长至 1300，32 nm 时突破了 5000，10 nm 时达到了 10 000 以上。而一条半导体生产线从建造到最终投产的成本，从 20 世纪 60 年代的 500 万美元，快速增长至 20 世纪 80 年代的 1 亿美元，在 20 世纪 90 年代后突破了 10 亿美元，在 21 世纪的第一个 10 年内达到了 30 亿～40 亿美元，而这还不包含各道工序工艺的研发所需花费的几十亿美元。

除此之外，一个更大的问题是，由于制程更新换代很快，一条生产线往往还没来得及生产出足量能够覆盖研发和建设成本的产品就已经被淘汰了，而半导体产品一旦销量很大，对制程更新的要求就更为迫切，从而对资本投入的要求更高，一旦出现产品滞销，巨大的设备折旧成本带来的资产贬值会大大损害企业利益。

（2）台湾企业抓住产业转型机遇占领半导体代工市场

日益发展的半导体产业对先进制程的持续需求与芯片制造需要越来越多的资金和拥有越来越高的技术壁垒之间的矛盾，带来了行业模式转变的机遇。我国台湾地区的半导体产业正是抓住了这一机遇，成为新模式竞争中的大赢家。

台湾地区的半导体产业在发展初期并不顺利。1983 年，台湾当局效仿日本，向台湾工业技术研究院投资 7000 万美元，强行启动超大型集成电路计划，试图通过掌握 DRAM 和 SRAM 技术来实现跨越式发展，但是在技术研发出来之后，才发现不具备本地制造能力，而不得不依赖日本和美国的 IDM 厂商，但这些厂商必然优先生产自己的产品，造成的结果是不仅供货得不到保证，而且还存在技术泄露的问题。

在看到芯片制造对半导体产业技术创新造成的高门槛问题后，以张忠谋为代表的一批台湾科技人士注意到了代工生产模式的可行性。1987 年，台积电成立，作为初创公司，其生产设备和制造能力落后，除了拿到一些非主流集成电路设计厂商的订单之外，其余订单稀少。1988 年，张忠谋通过私人关系获得了英特尔对台积电的考核机会，英特尔指导台积电完成了 200 多项技术改进，使得台积电在一年后拿下了英特尔的代工认证和产品订单，并探索出一套半导体产业国际代工的标准与制度。台积电当时每个芯片的生产成本只有英特尔自己生产的一半，日本的日电等 IDM 企业为英特尔生产芯片的交货周期为 12 周，而台积电只需要 4 周。

在英特尔这样的龙头企业的信誉背书下，在巨大的成本和效率优势的吸引下，由台积电开创的半导体代工模式在全球迅速铺开。台积电创立前的 1985 年正值全球半导体产业发展的一个低潮期，半导体大公司纷纷削减产能，而台积电成立时正赶上个人计算机的快速普及期，对芯片需求的猛增使得全球半导体产业快速复苏，半导体企业却难以在短时间内满足半导体制造对资本和技术的极高要求，由台湾半导体企业提出的"集成电路设计 + 生产制造"模式恰恰切中了当时半导体产业发展问题的要害，这些企业得以开始飞速发展。台积电成立虽晚，但增长速度令人惊讶，其成立当年（1987 年）的年营业收入约为 400 万美元，仅仅 3 年后便跃升至 8200 万美元，到 1995 年更是突破了 1 亿美元。现如今，台湾半导体企业已经占据全球半导体制造市场 60% 以上的份额。

集中代工模式替代了各自建厂，不仅使得集成电路设计厂商能够摆脱"包袱"、快速创新，也彻底改变了集成电路制造产能过剩的局面。供不应求的产能为半导体制造企业带来了丰厚的现金流，而高额的资本开支与充沛的经营现金流之间形成了正向循环，不断强化先进企业的领先优势，也促使半导体生产工艺技术不断快速发展。

3. 换道超车建立硬科技先发优势

移动通信是当今最重要的通信产业，虽然在 5G 时代的竞争中，美国企业已经显出颓势，但美国在这时大力发展卫星通信产业，旨在通过技术换道引领下一代通信硬科技的发展。

作为一种新兴的通信方式，卫星通信是融合了通信与航天两个领域的前沿硬科技，其产业链涉及卫星制造、火箭制造和发射、卫星测控、地面通信系统和服务提供等。卫星通信技术的历史可以追溯到 20 世纪四五十年代，但是卫星通信产业一直发展迟缓，其原因就在于其可靠性要求导致的应用成本极高，将其民用化或商业化的难度较大。美国具有目前全球最完整和先进的卫星通信产业链，这在很大程度上要归功于美国太空探索技术公司（简称 SpaceX）的"星链"计划的实施。该计划是埃隆·马斯克创办的 SpaceX 在 2015 年提出来的，用以构建"无死角覆盖全球"的互联网服务系统。该计划是迄今最大的卫星星座计划，它最初的目标是到 2027 年在 3 个轨道上部署共 11 927 颗小型卫星，在 2019 年时又提出追加 30 000 颗，用近 42 000 颗卫星覆盖全球。

在认清了卫星通信产业的痛点之后，SpaceX 创造性地开发出火箭回收技术和微型卫星技术，依靠这两项硬科技极大地降低了卫星发射的成本，让卫星通信的民用化、商业化走向现实。SpaceX 的"猎鹰 9"火箭的制造成本是 6000 万美元，而火箭燃料的成本只有 20 万美元，在重复发射的条件下，即使考虑维护费用，火箭的单次发射成本也可以降低为原来的百分之一甚至更低。此外，SpaceX 实现了微型卫星的批量生产，单条生产线每天可以交付 3 颗卫星。在 2018 年时 SpaceX 曾预估整个计划的总成本约为 100 亿美元，但能带来高达 300 亿美元的年收入作为回报。除了关键技术上的创新，在卫星通信产业处于早期状态、面向开放市场的推广方式和运营模式尚不成熟的条件下，"星链"计划还敢于在卫星互联网的商业运营上"吃螃蟹"。SpaceX 不仅是"星链"计划的总承包商，还自行完成了从卫星到网关再到终端的全部技术研发和产品生产，并且吸引了谷歌（Google）和美国运营商企业投资加入，这样即便"星链"计划本身不够成功，SpaceX 也具备了全产业链技术能力。

此外，美国利用"星链"等卫星星座计划进行"占轨保频"的意图明显。在轨道资源和通信频率的使用方面，国际规则都遵循"先占先用"的原则，例如国际电信联盟规定"至少发射一颗具有申请频率的卫星并至少运行 90 天"即可占有频率资源。而美国开展的"星链"等卫星星座计划的大规模卫星部署就迫使其他国家需要避开已被申请的频段和轨道，从而在客观上压缩了其他国家在太空探索的空间。截至 2020 年初，SpaceX 已经成功发射了 538 颗"星链"微型卫星，预计到 2027 年将提供覆盖全球的全天候、高速率、低成本的卫星互联网。除了 SpaceX，其竞争对手蓝色起源（同是美国公司）也在卫星通信产业方面拥有关键领先技术及其实用化经验，与 SpaceX 共同建立起了美国在卫星通信产业方面的先发优势。

我国同样也有一批机构和企业理解了在硬科技新兴领域"换道超车"以建立先发优势的道理。如果说马斯克的 SpaceX 是想通过卫星通信技术的跨越式发展来改变 5G 时代的通信模式，并在掌握技术领先性的基础上推动产业变革至下一个阶段，那么西安中科光机投资控股有限公司和中科创星则是通过对光电芯片产业进行全方位布局，来突破当下集成电路所触及的摩尔定律天花板，在芯片上实现"光通信"以获得光电集成技术的先发优势。这与互联网时代的光纤、光缆通信取代传统电缆通信极为相似，只是尺度缩小至半导体芯片的范围，在芯片上实现电信号与光信号的转换并利用光波导传输信息，便可以满足新一轮科技革命对信息传输速度与容量等的要求。目前，集光、电于一体的芯片技术已成为半导体领域最有潜力的发展方向之一，中科创星的团队很早就在光电子领域进行谋划布局，如今已培育了一批有实力参与国际竞争的光电子企业。

三、产业升级拉动硬科技创新

通过硬科技创新革新与升级原有的产业，既是硬科技发展带来的有力改变，也为硬科技的再创新注入动力。

1. 工业根基激发硬科技创新动力

德国较早完成了工业革命，并建立了完备的工业体系，而高水平的工业基础又具有不断完善和升级的内在需求，这样的内在需求就为工业领域的硬科技创新提供了丰富的应用场景。硬科技的出现促使德国的工业水平进一步提高，从而形成正向循环。

（1）德国在两次工业革命中实现全面工业化

德国的第一次工业革命大约从 19 世纪 30 年代开始，虽然比英国开始得晚，却得以利用大量从英国进口的现成机器和先进技术。与英国等其他欧洲国家显著不同的是，德国的第一次工业革命在启动后，迅速从以纺织业为重心的轻工业转向以铁路建设为重心的重工业，大大带动了以钢铁工业、机器制造业为代表的基础工业发展，同时也极大地提升了德国的交通运输效率，煤、铁等工业原料得以快速流通，货物可以快速周转，从而进一步助推了德国工业的发展。1870 年，德国的工业生产总值在世界工业生产总值中的占比达到 13%。

第二次工业革命让德国成为欧洲工业实力最强的国家。1871 年德国实现统一，始终注重保持强大的军事力量，这就大大刺激了以重工业为依靠的军火制造业的发展和完善。德国尤其注重发展能够创造新优势的电气、化工等新兴工业。到 1896 年，德国电气工业中已经出现了以西门子、德国通用电气为代表的 39 家上市企业；1913 年德国的电气工业产值占世界的 34.9%，超过了美国（28.9%）。电气工业的繁荣发展大大提高了其他工业部门的生产效率，1900 年前后的统计数据表明，德国钢铁厂年平均产量为 7.5 万吨，而同期的英国企业年平均产量只有 4 万吨。

到第一次世界大战前夕，德国已经完全建立了以电气工业、化学工业、钢铁工业等为"领头羊"，制造门类涵盖食品、纺织品、光学仪器、精密机械、交通工具等的完整工业体系，工业占国民经济的比重达到 45% 以上，德国几乎只用了短短 30 多年时间就走完了英国用 100 多年才走完的工业化道路，并在本土工业实力方面成为仅次于美国的国家。

（2）深厚的工业基础为德国工业硬科技提供应用场景

德国深厚的工业基础具有发展的内在需求和创新的内在动能，这为工业硬科技的落地应用提供了丰富的场景，并反过来进一步激发了新的硬科技创新动力。德国的一批工业巨头企业，正是在这种反反复复而又经久不息的工业转型升级中诞生和成长起来的。

19 世纪 40 年代的德国正在经历工业革命的热潮，生产分工与国际化业务发展迫切需要一种快速、可靠的信息传输方式，而这也被认为是当时建立大型工业体系所必须解决的瓶颈问题。年轻的工程师维尔纳·冯·西门子在了解早期电报机原理的基础上，深切认识到了电报技术在德国应用的充分需求。他在 1847 年发明了指针式电报机，并创立公司，开始在德国架设电报线路，这家公司发展为后来的西门子公司。到第二次工业革命时期，电力原理在工业上得到广泛应用，而困扰德国工业的是当时发电量的极度不足。1866 年，西门子公司利用在磁场和电流之间建立正反馈循环的原理发明了实用型发电机。这是一项革命性的发明，大大降低了发电成本，并显著提高了电能产量，使得工业用电的领域被大大拓宽。很快，德国因电力驱动而快速发展的重工业对煤炭、钢铁等工业基础原料的需求大大增加。当时以蒸汽机车为动力的铁路系统的运能不能满足运输需求。西门子公司针对这一问题，于1879年开发出了电力机车和铁路电气化技术，并在德国境内快速推广，这大大提高了大宗工业物资的铁路运输效率。除此之外，为了解决大型机械化生产造成的厂房规模扩大、人员和货物在厂房建筑内垂直移动不畅的问题，西门子公司在1880年发明了厢式电梯。这一系列创新和发明都是应工业生产升级换代的新需求而生的。

博世公司的发展是硬科技在工业转型升级场景下应运而生并大规模应用的另一实例。1886年，罗伯特·博世先生创立了精密机械和电子工程车间，博世公司由此诞生。时值德国汽车工业快速发展的时期，内燃机的发明带来汽车技术的全面升级换代，以奔驰、戴姆勒为代表的德国车企忙于解决动力和整车机械设计问题，无暇顾及众多汽车零部件所涉及的工程技术，从而出现了分工的需求。而博世公司正是适应这一需求而生的，它的第一条产品线便是生产用于固定式发动机的磁电机点火装置。博世公司很快就成为德国知名的点火器供应商。博世公司1913年开始生产车头灯，1926年开始生产雨刮器，1927年开始生产柴油喷射泵……它正是在一步步适应汽车工业升级换代对分工越来越细的要求的过程中发展壮大的。

德国并非只有传统工业，在信息化时代同样有着其信息化工业的硬科技创新。信息化时代的工业生产所面临的不仅仅是持续演进的技术，还有越来越复杂的生产要素和流程管理。1972年，德国思爱普公司（简称思爱普）成立，并从一开始就专注于通过信息化手段实现工业生产中的要素管理，将发展"整合所有业务过程的标准企业软件"作为其创新目标，即后来被称为"企业资源管理"的软件。1973年，思爱普推出"自动化财务会计以及交易处理程序"，首先实现了现代工业企业所要求的数据实时处理，这在当时的企业管理中是一个重大突破。到 1980 年，德国最大的 100 家企业中，已经有 50 家在使用思爱普的这套系统。此后思爱普并没有急于在全球拓展客户或产品线，而是专注于和已有客户一起研究工业企业在信息化转型中的需求细节，并将其提炼为标准化的模块融入软件中。正如他们自己总结的那样，其核心竞争力并不是所拥有的数据处理技术，而是在大量行业转型升级案例中所积累和总结的标准化解决方案，把这些宝贵的工业企业治理与管理经验以软件的形式固化和推广开来，就是思爱普的硬科技。

2. 产业应用的升级拉动支撑产业快速发展

计算机产业是建立在半导体产业之上的，也是半导体最主要的应用领域之一。半导体产业因计算机的发展需求而生，也在计算机发展的带动下快速成长。两大产业在转型升级的过程中相互促进、相互带动，成为信息时代硬科技发展典型模式的代表。

（1）计算机可用性的需求促使半导体产业诞生

电子计算机的发展促使电子工业寻找新的创新方向。1946 年，世界第一台电子计算机"电子数字积分计算机"（Electronic Numerical Integrator And Computer，ENIAC）诞生，使用了超过 18 000 个真空管和 1500 个继电器，功率约 150 kW，重达 30 t，占地面积 167 m²。这一时代的电子计算机虽然速度上相比传统手工计算有了质的飞跃，但受限于当时的电子工业水平，可用性较差。以 ENIAC 为例，由于功率巨大，对电力供应保障形成巨大的考验，当时一种流行的说法是，"每当打开计算机电源时，费城的灯就会变暗"。此外，作为其核心器件的真空管的可靠性有限，ENIAC 每天工作时几乎都会烧毁几根管子，这使得它在几乎一半的时间内都无法使用。电子工业的落后与计算机发展需求之间的矛盾促使人们研发新的元器件作为电子计算机的核心组件。

为了解决真空管和机械开关不可靠的问题，人们开始探索将半导体应用于计算机系统的可能性。1947 年 12 月 16 日，第一只晶体管在美国贝尔实验室被发明出来，并被安装在贝尔电话系统中进行试验。这种点接触晶体管虽然在性能和可靠性方面都表现优秀，但由于缺乏足够纯净、均匀的半导体材料制备技术而无法进行工业化生产。1951 年，贝尔实验室的化学家又开发出基于"区域提纯"工艺以及"掺杂"工艺的结晶型晶体管，从而使晶体管的批量生产成为可能。1952 年，德州仪器等企业开始销售晶体管这种工业产品，这也标志着半导体产业的初步形成。

半导体产业的诞生彻底改变了计算机行业的面貌。1953 年，第一台晶体管计算机被制造出来，功率仅有约 150 W。受益于晶体管代替真空管所带来的成本降低，1955 年，电子计算机首次被作为商品出售，英国卖出了 6 台 Metrovick 950 型计算机产品。1955 年以后，晶体管已经完全取代了计算机中的真空管组件。得益于晶体管带来的元器件密度的提升，计算机的性能也大幅提高。1954 年，贝尔实验室制造的 TRADIC 全晶体管计算机能够以 1 MHz 的时钟频率运行，并且功率仅为 100 W。世界上第一台基于晶体管的超级计算机于 1962 年诞生，其运算性能是 ENIAC 的 200 倍。

（2）半导体技术发展为计算机产业转型升级的引擎

电子计算机的发明和发展孕育出了半导体产业，半导体产业的技术进步又推动着计算机产业的发展，并催生了后者几次重大的转型升级。

平面化硅基工艺是半导体技术发展的又一里程碑，它的出现大大推动了计算机结构标准化的进程。1957 年，贝尔实验室的工程师提出了一种新的半导体器件制造方法，即在硅晶片上覆盖一层二氧化硅绝缘层，使电子能够可靠地渗透到导电体中，从而克服阻止电子到达半导体层的表面状态。这项被称为"表面钝化"的工艺使得在平面上制造硅基器件成为可能。1964年，IBM在表面钝化工艺的基础上设计制造了固体逻辑模块，并以此为核心组件制造了 System/360 计算机。这一划时代的产品首次应用了计算机体系结构的概念，并将计算机组件模块化，在 20 世纪 60 年代的竞争中取得了压倒性的优势，开启了计算机的大型机时代。

集成电路的出现彻底改变了计算机的面貌。1955年，贝尔实验室发明了利用化学蚀刻方法在硅基材料上制作精细图案的光刻技术，为集成电路平面制造工艺奠定了基础。1958年，仙童半导体制造出第一批"步进重复"光刻机，第一次实现了用光刻技术在单晶硅片上复制出多个相同的晶体管。1959年，贝尔实验室开发出了金属 – 氧化物 – 半导体场效应晶体管（Metal-Oxide-Semiconductor Field-Effect Transistor，MOSFET），让晶体管的结构进一步紧凑化、可微缩化，使其成为高密度集成电路中最关键的器件。20 世纪 60 年代，集成电路技术基本成熟，并开始被计算机产业投入使用，这一时期的显著特征是计算机开始进入无处不在的嵌入式系统，例如阿波罗飞船上的阿波罗制导计算机、LGM-30 弹道导弹上的 ALTER 机载计算机和 F-14 战斗机上的中央空中数据计算机。

集成电路复杂度的不断增长带来了半导体产业与计算机产业之间的深度交互和融合，其典型标志就是微处理器的诞生和广泛应用。集成电路制造工艺的提升让单个芯片上晶体管的密度越来越高，使在芯片上构造出完整运算电路成为可能。1971年，英特尔基于硅栅极技术推出了革命性的 4004 芯片，每秒可以执行大约 9.2 万条指令，其运算性能与 20 世纪 60 年代初的一台计算机整机相同。微处理器的出现使得计算机产品进一步小型化，催生出了微型计算机，并逐渐演变为个人计算机。微处理器的应用使得计算机的制造成本急剧下降，微型计算机和个人计算机的普及程度从 20 世纪 70 年代末至 20 世纪 80 年代初开始呈现爆炸式增长，计算机的应用场景变得真正多元化，最终推动越来越多的细分领域进入信息时代。

3. 产业升级换代加快硬科技密集迭代

当前，电子通信行业正不断发展壮大。这个行业是因人类生产生活对通信方式变革的需求而出现的，而一代又一代通信技术的迭代则是人们对电子通信不断提出更高、更新要求的结果。

（1）工业革命给通信方式带来革命

信息交换的需求自人类诞生以来就存在，但从未像工业革命以来如此迫切——大规模的工业生产对复杂协作的要求、越来越激烈的产业竞争对商业信息传递的要求都促使出现新的通信硬科技来解决沟通难题。

人类通信方式的革命性变化，是从利用工业革命中诞生的电力技术作为信息载体之后开始的。正如古代利用烽火台进行通信一样，信息的远距离传输必须借助中继节点进行层层传递，电力技术的出现使得快速的远距离消息传输成为可能。1792 年，法国的克劳德在巴黎和里尔之间架设了一条长为 230 km 的接力式通信线路，使用了 16 座信号塔，这是现代通信铁塔的雏形。

最早的电报系统是应铁路运输调度的需求而诞生的。工业革命大大推动了铁路系统的发展，而铁路调度上的信息必须被快速地远距离传输，才能有效进行铁路交通管理，以防止事故的发生。1837 年，世界上第一套商业化的电报系统在英国伦敦到伯明翰的铁路上得到应用，电报系统开始在随后的

10 年中在英国大范围发展。

电报作为一种远距离的信息传输手段得到迅速普及的同时，人类又对信息传输的容量提出了新的要求，而编码技术的发明与应用大大提高了电报的信息承载量。1843 年，美国人萨缪尔·莫尔斯提出将电流的"通""断""长断"进行组合，用来表示数字和字母，用这样的符号语言来表示人的语言，并编制了莫尔斯电码。1851 年莫尔斯电码成为欧洲大陆的电报标准，1865 年成为世界电报统一标准，这也是世界上第一部通行的国际通信标准。编码的出现和统一使得电报可以在更广阔的区域间传递信息，促进了国际信息交流。

电报的发明在很大程度上满足了工业革命带来的信息远距离快速传输的需求，但仍然没能满足人类对即时通信的需求，即远距离、实时、直接地传递人类声音的需求。在电报的启发下，美国人亚历山大·贝尔首先提出用电流的强弱来模拟声音大小的变化，从而用电流传送声音，并在 1875 年 6 月 2 日成功发明了电话。当时贝尔在实验时不小心把硫酸溅到了身上，他求助的呼叫通过电话传送给了隔壁实验室的同事，而这正好印证了这项硬科技所满足的最大需要——即时通信。

早期的电话在经过托马斯·爱迪生等人的完善后，长期处于稳定的形态，而第三次工业革命的到来又对通信技术提出了新的要求，并为之提供了新的技术。早期的电话网络没有自动交换系统，电话之间的配对连接全靠接线员的人工操作完成，效率低下，同时也严重限制了电话网络容量的提升。半导体技术的出现为通过电路实现电话交换提供了可能，1947 年贝尔实验室发明的第一只晶体管恰恰就是为贝尔公司（美国电话电报公司的前身）的电话系统研制的。20 世纪 50 年代，随着存储程序控制和电子交换系统技术的相继出现，程控电话交换机替代了传统的手工接线操作，再加上脉冲编码调制等关键技术的应用，电话网络的容量大大提升，模拟电话技术逐渐演变为数字电话技术，通话质量得以提升，通话的成本得以降低。

（2）移动通信更新换代为通信技术提供主要应用场景

通信产业是技术密集型产业，移动通信领域的技术密集程度之高最为明显，一项通信标准之下有几千项具体技术作为支撑，通信技术是名副其实的硬科技。我国以华为为代表的一批通信技术企业，正是瞄准了移动通信这一主要应用场景，坚持技术研发和积累，从追赶者逐步转变为如今在通信产业的硬科技领跑者。

移动通信技术是更新换代最为明显的硬科技领域之一，信息时代的人们对信息传播的速度、种类、内容等的需求与通信技术的发展相互影响、相互促进，在通信产业形成了典型的升级换代模式。

移动通信技术的发展是从满足专业领域的需求开始的。在一些专业领域，如公安、出租车和物流运输，业务上的需求迫使人们需要随时与车辆上的人员取得联系，而有线电话显然不能满足这种需求。20世纪60年代，"改进的移动电话服务"与"高级移动电话系统"分别在美国和日本被投入使用，这样的移动通信技术体系被称为"0G"，这些早期的移动电话系统是公用电话交换网的一部分，即作为传统有线电话网络的附属来提供服务。

为了满足普遍性的即时通话需求，20世纪70年代末，美国贝尔实验室和摩托罗拉公司研发了1G技术，其最大的特征是开始应用独立的蜂窝网络作为移动通信基础设施，并采用模拟电信号作为信息载体。1979年，日本电话电报公司在东京部署了全球第一张商用移动电话网络。1981年，丹麦、芬兰、挪威和瑞典启动了第一张国际移动通信网络——北欧移动电话系统。1987年11月，我国第一张全入网通信系统制式的模拟移动电话网络在广东投入商用，当时所用到的设备——从基站到终端，百分之百由摩托罗拉等外国公司垄断。

1G 具有通话质量差、话费昂贵、易被窃听的缺点，因此人们很早就开始研究 2G 技术。2G 使用加密的数字信号作为载体，采用复用技术提高频带用户容量，并开始支持以短消息为代表的移动数据服务。2G 时代首次出现两大通信标准并立的局面——全球移动通信系统（Global System for Mobile Communications，GSM）和码分多址（Code Division Multiple Access，CDMA），其中前者由欧洲电信标准组织提出，后者由高通通过对军用跳频技术进行转化而来。在这一时代，移动通信正式确立了其在信息产业中的关键基础地位，并开始逐渐成为国际政治、贸易和技术等方面争夺的焦点。

进入互联网时代，使用手机上网成了越来越重要的需求，手机仅仅作为通话工具被视为一种巨大的浪费。为应对这一问题，以 2G 技术为主体、提升了数据网络传输速度的 GPRS（2.5G）和 EDGE（2.75G）技术首先被研发出来，并得到快速、广泛的部署。移动互联网应用的快速发展让世界主要国家意识到了争夺 3G 标准主导权的重要意义，中国通信技术企业也在这时开始崭露头角。最终，由我国主导的 TD-SCDMA 与美国主导的 cdma2000、欧洲主导的 WCDMA 被一同确立为 3G 国际标准。3G 通信技术的最大特点是提供了高速数据网络连接功能，让手机的应用越来越多元化。

当有人认为 3G 技术已经是移动通信发展的尽头时，苹果公司于 2007 年推出的苹果手机与谷歌公司于 2008 年推出的安卓系统开启了智能手机的时代，进一步引爆了人们对手机上网的需求。4G 以 MIMO 天线、正交频分复用链路和自适应编码调制等为核心技术，数据传输速率提高到 3G 的 1000 倍以上，而我国主导的 TD-LTE 成为 4G 的两大标准之一。我国在 4G 时代基本实现了通信行业国产化的目标，并开始向全球进行输出。

当前，我们正处在 5G 方兴未艾的时期，各行各业数据量的激增对通信技术提出的更高要求使得移动通信的应用不再局限于手机，万物互联时代对移动通信提出了新的要求。通过有源天线阵列、毫米波传输、终端直通（Device to Device, D2D）技术的应用，5G 将进一步满足人们在物联网、边缘计算、软件定义网络等场景下的应用需求。在这一时期，我国已经由通信硬科技的跟随者变成了并跑者和领跑者，同时也在国际上面临着更多技术范畴以外的复杂问题。不过我国有世界通信技术的领跑者，有全球最大的信息产业市场，我们相信，在 5G 时代，我国的通信硬科技将取得前所未有的更大成就。

四、维持军事优势驱动硬科技发展

军事力量永远是一个国家最为重要的硬实力成果的集中体现，而维持军事领先地位就需要不断发展硬科技，推动高精尖技术的发展。

1. 军事需求推动硬科技研发的创新与成熟

硬科技的创新往往伴随着巨大的风险，故而也需要足够强大的"硬需求"来推动，而关乎国家根本利益的军事需求正是满足这一条件的绝佳动力，它天生具备的紧迫性对硬科技研发的创新和成熟具有强烈的刺激作用。

（1）计算机和半导体硬科技因军事需求而生

军事需求在计算机和半导体技术的诞生和早期发展过程中扮演了极为重要的角色。在第二次世界大战期间及结束后，美国军方是电子计算机和半导体技术几乎唯一的需求方、资助方和最终用户。1941年5月，美国政府成立科学研究与发展办公室，每年支出超过1亿美元，用于资助计算机、半导体、雷达、无线电等技术的研究。

如果没有庞大的研究经费支持，第一台电子计算机的研究可能需要延缓数年甚至几十年的时间才能完成。1946年，由美国陆军军械长办公室和弹道研究实验室资助的第一台电子计算机ENIAC问世，它被用于计算炮弹的运行轨迹和氢弹的数学模型。

第二次世界大战结束后，冷战引发的军备竞赛进一步激发了美国对电子计算机研发的紧迫感。1946年，美国成立了海军研究所，并逐渐成为战后推动军用项目研究的主要力量，到1950年它已经资助了麻省理工学院的旋风（Whirlwind）系统、雷神（Raytheon）公司的飓风（Hurricane）系统和哈佛大学的Mark III系统等重要的早期电子计算机研究项目。1950年的统计数据显示，美国军方的资助占据了电子计算机研究经费的80%以上。除上述项目外，第一台程序存储计算机UNIVAC-I是为SM-62"蛇鲨"战略巡航导弹设计的；而IBM的第一款电子计算机产品——IBM 701也是在冷战时期诞生的，它被称为"国防计算器"。

同样是在冷战的驱动下，美国军方为了追求在计算能力方面取得任何国家都不可比拟的不对称优势，推动了旨在解决核武器爆炸模拟等运算密集型问题的高性能计算系统的研发，催生出了超级计算机。1954年，IBM为美国海军制造出世界上第一台超级计算机"海军军械研究计算器"，它可以在13 min内计算出3089位圆周率小数值。1960年，斯帕瑞德公司的UNIVAC部门为美国海军研究与发展中心研制了"利弗莫尔自动研究计算机"，用于计算核武器的流体力学设计参数。同样是用于开展核武器的研究，1964年CDC公司为美国劳伦斯国家实验室开发出了具有里程碑意义的

CDC 6600，它的架构体系成为现代各类超级计算机的共同基础。

与电子计算机相伴而生的半导体产业同样由军事需求驱动而诞生和发展。在第二次世界大战期间，半导体技术取得了巨大的飞跃。1947 年晶体管的发明标志着半导体产业的开端，其早期的研发与军方的需求密不可分。1948—1957 年，美国陆军信号军团承担了贝尔实验室固体物理研究部门 2230 万美元研究经费中的 38%。在 1958 年和 1959 年，美国国防部的投资占到了半导体产业研究和试制总经费的 25% 和 23%。

除了直接投资于研发，美国政府和军队还解决了半导体产品的销路问题。1956 年，美国政府与 12 家半导体企业签订了 30 种不同型号晶体管的研制合同，要求每月交付每款晶体管各 3000 只。1958 年，IBM 向仙童半导体订购了 100 只晶体管，用于驱动 B-70 轰炸机上的磁芯存储器，这成为半导体产业史上第一笔商业订单，促使仙童半导体开发出了用于商业生产的光刻掩膜技术，建设了世界上第一条半导体制造与封装测试线。在 20 世纪 50 年代末，美国政府和军队的订单几乎占到了美国半导体产品总销售额的一半。20 世纪 60 年代，美国军方对半导体工业产品的需求占全部半导体需求的一半。1965 年，美国军方的订单占当时整个美国半导体市场的 28%，更占到集成电路市场的 72%。这些购买举措极大提高了美国半导体企业的产能，并且分摊了研发成本，使得半导体产品的价格在 1962—1968 年期间大幅下跌，使其更适合商业用途，从而打开了民用市场。

（2）军备竞赛刺激了航空动力革命

航空运输业是现代社会的重要产业，而它的繁荣在很大程度上要归因于军用飞机对航空工业发展的巨大推动作用。航空发动机是航空动力的核心，其发展历程正是军事目的拉动硬科技发展的一个典型缩影。

早期的飞机使用和汽车动力相同的内燃发动机，1903 年莱特兄弟制造的世界第一架飞机"飞行者一号"上使用的是一台功率只有 12 hp（1 hp 约 0.735 kW）的汽油发动机，只能让飞机保持在空中飞行 12 s。想要让飞机用于作战，显然需要有新的航空动力的支持。

第一次世界大战的爆发使得航空发动机第一次作为独立的动力门类受到重视。为了解决传统内燃机安装在飞机上冷却困难、运行不平稳的问题，转子发动机被发明了出来，并在第一次世界大战中发挥了重要作用，其中生产量最大的产品是法国制造的 165 hp 的 Gnome9-N 发动机和 130 hp 的 Le Rhône 9C 发动机，它们被包括美国空军在内的协约国军队广泛使用。而美国并不甘于在关键的航空动力技术上落后，在第一次世界大战末期便制造出了 Liberty 12-A 型发动机，采用了具有革命意义的涡轮增压技术，从而使输出功率达到 410 hp。

第一次世界大战的结束并没有让各国停下航空发动机研制的脚步。1930年，英国空军准将弗兰克·惠特尔发明了涡轮喷气发动机，开启了航空发动机的喷气动力时代。1939 年，德国制造的 HeS 3 涡轮喷气发动机驱动世界第一架喷气式飞机 HE-178 成功飞行，它的飞行速度达到了 598 km/h。

第二次世界大战的爆发又一次推动了航空发动机的革命，航空发动机继续向大功率和新机械结构的方向发展。美国普拉特·惠特尼集团公司（简称普惠公司）于 1939 年研制了 R-2800"双黄蜂"发动机，并在战争期间将功率提升到了前所未有的 2100 hp。1940 年德国 Junkers 公司研制的 Jumo 004 成为世界上第一款投入量产的喷气式发动机，推力达到 8.8 kN，被用于为德国的主力战机 Me-262 和侦察机 Ar-234 提供动力。1943 年，戴姆勒-奔驰公司为德国空军研制成功世界上第一台涡扇发动机 DB 007，推力达 12.5 kN。

美国认识到喷气式发动机重要性的时间较晚，其早期喷气式发动机产品 J31 和 J33 来自对英国惠特尔发动机和"妖精"式发动机的仿制，并没有赶在第二次世界大战结束前投入使用。战后，美国意识到了与德国在喷气式发动机方面的差距，开始奋起直追。在 20 世纪 40 年代末，主流喷气发动机的推力普遍在 20 kN 左右，而美国空军对本国供应商直接提出了推力达到 40 kN、油耗降低一半的产品要求。1950 年，普惠公司通过采用革命性的双转子技术开发出了 J57 发动机，用于制造美国第一款远程战略轰炸机 B-52 和第一款超声速巡航战斗机 YF-100。除此之外，普惠公司基于 J57 的技术，开发出了民用的 JT3 发动机及其低涵道比版本——经典的 JT3D 发动机，用在波音 707 和道格拉斯 DC-8 上，促进了民用远程客运和货运航空的大发展。

作为军用飞机中与民用航空运输最为接近的类型，军用大型运输机的航空发动机对民用航空的影响最为突出。1964 年，美国空军提出"CX-X"战略运输机计划，通用电气被选为发动机供应商。在研制过程中，通用电气创造了可变定子叶片、涡轮冷却和级联推力反相器等多项硬科技，开发出了世界上第一台高涵道比发动机 TF39，它能够在提供高达 193 kN 推力的同时将燃油效率提升 25%。TF39 是航空发动机历史上的一次重大飞跃，在性能、经济性和可靠性方面都具有优异表现，其民用化版本 CF6 成为包括空中客车 A300、A310、A320，波音 747、767，麦道 DC-10、MF-11 等机型在内的一系列宽体飞机的动力来源。

2. 军用硬科技商业转化带来产业新机遇

军用硬科技是大量研发成果和工程积累的结晶，往往包含着巨大的民用化潜力，只要善于挖掘、合理转化，就能催生出巨大的商业价值，带来新的产业机遇。

（1）军用通信技术转化助高通成为行业霸主

军事通信作为保障部队指挥的基本手段，在军用技术中具有举足轻重的地位。美国的高通公司正是通过成功转化一项军事通信的解密技术，在一二十年间占据了移动通信领域的技术优势和霸主地位。

早期的军用通信采用单一频段传输，在探查出敌方所用的频率后，只要制造足够强的电磁噪声就可以有效干扰信号，从而达到破坏信息传输的目的。1942 年，好莱坞演员海蒂·拉玛与作曲家乔治·安太尔在讨论怎样解决美国鱼雷被德军信号干扰问题的过程中，创造性地提出了"调频"的方法并申请了专利，其核心做法是通过在每个频率上发送整个信息的一小部分来使信道干扰失去作用。这个名为"秘密通信系统"的专利成为后来几百项军用通信技术的核心，直到 20 世纪 80 年代初才被解密。

1985 年 7 月 1 日，7 位研究人员创办了"高质量通信"公司，即高通公司。当时移动通信技术才刚刚起步，通话质量差和成本高昂等问题困扰着产业界。高通在与军方合作的过程中发现了上述刚刚解密的国防专利在民用蜂窝网络上应用的巨大价值，最终以其核心的调频思想为基础，开创了具有划时代意义的 CDMA 技术。

在完成功率控制、软切换等方面的一系列技术改进后，高通推出了被称为 cdmaOne 的通信技术产品并获得专利，该技术成为 2G 时代与全球移动通信系统并立的两大通信标准之一。由于在容量、成本、频谱占用等方面拥有巨大优势，CDMA 成为后来 2.5G、3G 时代的通信标准——cdma2000、CDMA1X、WCDMA 和 TD-SCDMA 等的共同技术基础，这一局面随着后来正交频分复用技术的出现和成熟才被打破。

自 20 世纪 90 年代初开始，高通通过收购和诉讼等方式，逐步提高对 CDMA 专利的垄断程度，最终拿下了 92% 以上的 CDMA 相关技术专利，构建起了"专利墙"，打起了"专利战"。利用在CDMA专利领域的垄断地位，高通强行以打包的方式进行专利授权，从而大大提高了授权费用。通过专利诉讼等手段，高通收益颇丰，就连苹果这样强势的公司都在单次诉讼中被判赔偿高通45亿美元。

除此之外，高通还利用CDMA专利建立起了在其他领域的优势。例如，在手机芯片市场，高通通过限制CDMA基带芯片的授权来推销自家芯片，并且将基带芯片的价格定成与整合了基带、处理器等模块的片上系统十分接近的价格，通过这种被戏称为"买基带送片上系统"的策略，在移动处理器市场中，高通成功挤垮了包括德州仪器在内的诸多竞争对手。

虽然从2005年开始，"专利霸权"的模式给高通带来了越来越多来自反垄断等方面的麻烦，但高通早已完成了技术和市场的原始积累，确立了在美国通信领域的霸主地位，而这一切要归功于其最早对军用硬科技的成功转化。

（2）载人航天商业化让军民共同受益

对世界各国而言，载人航天工程长期以来都由国家和军方主导，而美国通过在商业载人航天项目上的大胆尝试正在改变这一局面，不仅从中获取了重要的国家利益，更创造了难以估量的产业价值。

2011年7月21日，美国最后一架航天飞机"亚特兰蒂斯号"退役，至此只能依靠俄罗斯的"联盟号"飞船运送宇航员往返于国际空间站。几乎与此同时，美国国家航空航天局正式启动了"商业载人航天项目"，转移一部分技术和设计，投入一部分资金，把原本由国家机构完成的载人航天工程外包给美国私营企业。

整个项目分为4个阶段，前3个阶段分别完成技术方案研究、原型机验证和完整集成测试，美国国家航空航天局总共投入了约27亿美元，最终从 4 家公司中挑选出 SpaceX 和波音共同进入第 4 个阶段——实际载人测试，这两家公司分别从中获得了 26 亿美元和 42 亿美元的项目资金。

在运作模式上，SpaceX 的硬科技创新以市场为导向。航天工业发展至今，产业链已经高度细分化和专业化，各类零部件供应商和外包服务提供商林林总总，但 SpaceX 选择尽可能多地自主生产各类设备和配件，从而大幅缩短供应链、减少采购环节。同时，在工程实践中，SpaceX 通过增加冗余的方法，以工业级器件大量替代宇航级器件，最终实现了惊人的成本控制。

作为一种前所未有的尝试，美国商业载人航天项目在初期进展得并不顺利。美国国家航空航天局原计划在 2017 年通过该计划将宇航员送到国际空间站，但在 2016 年时，两家公司都提出到 2018 年才能进行首次发射，而且 SpaceX 用于发射载人飞船的"猎鹰 9"火箭还发生了爆炸。到了 2018 年，两家公司又要求把发射时间推迟到 2019 年。但两家公司在 2019 年进行不载人测试时均遇到了问题，波音的空间飞机由于软件问题与国际空间站对接失败，最终因燃料不足返航，SpaceX 的返回舱更是在地面测试中被烧毁。

航天领域的后来者 SpaceX 从一开始就将互联网基因融入自己的运作体系中。无论是"猎鹰"火箭还是龙飞船，SpaceX 的产品在初始阶段便问题连连，其中甚至不乏在地面测试中爆炸、在发射过程中解体一类的重大事故，但 SpaceX 一直遵循互联网行业中的"试错 + 快速迭代"原则，各产品的性能与可靠性以看得见的速度提升，从而在技术进步和工程效率上打败了波音这样的老牌劲旅。2020 年 5 月 30 日，SpaceX 的"龙飞船 2 号"成功把两名美国宇航员送进了国际空间站，使得美国重新拥有了可用的载人航天能力，终结了在国际空间站载人任务上受制于人的局面，SpaceX 成为航天史上首个完成载人航天任务的私营企业。

成立不足 20 年的 SpaceX 不仅在研发能力和工程效率方面，也在成本方面战胜了具有 100 余年历史的波音：SpaceX 提供给美国国家航空航天局的载人飞行单座价格是 5500 万美元，而波音的价格高达 9000 万美元，这甚至超过了俄罗斯"联盟号"飞船在多次涨价之后开出的 8600 万美元的报价。

3. 专业机构高效助力军事硬科技转化

由军方提出的军事需求与最终作为解决方案的硬科技之间往往存在着巨大的鸿沟，除了要依靠作为创新主体的企业将需求具体化以外，专业化机构在这一过程中也发挥着不可忽视的作用。

（1）DARPA 利用科学的风险投资机制孵化军用硬科技

美国国防部高级研究项目局（Defense Advanced Research Projects Agency, DARPA）也被称为"美军硅谷"，隶属于美国国防部，定位为项目投资机构，以"扩展技术和科学领域"为目标，聚焦于前沿硬科技的开发，其所投资的项目通常都超出了美国的直接军事需求。

DARPA 的研究领域非常广泛，其最突出的成就是在信息技术领域取得的，如大名鼎鼎的阿帕网和全球定位系统，苹果手机上的语音助手"Siri"也源自 DARPA 资助项目的转化。

根据 DARPA 提交给美国国会的报告，其 2020 财年的预算为 33.9 亿美元，其中的 66.5% 都投资给了企业，投资给高校的预算资金仅占 17.4%。它最新的研究项目包括与"星链"等互联网卫星部署计划十分类似的 Blackjack 项目、通过生物电子技术解决士兵的时差反应和水土不服问题的 ADAPTER 项目以及针对人工智能图像识别进行干扰的 TMVD 项目。

DARPA 的组织架构十分精简，以对应不同技术领域的六大项目办公室为核心，采用项目经理人制度，并且项目经理对项目的选择有完全自主决策权。DARPA 的管理人员和项目经理都具备雄厚的技术背景，其中很多都是来自通用电气、谷歌和脸书等大公司的研发人员，或麻省理工学院等顶尖研究型大学的科研人员。

DARPA 的研究具有两大鲜明特色：一是允许失败，对风险的容忍度非常高，也就是不惜重金、反复试错；二是与已知应用的需求相比，投入更大精力去做应用目的相对模糊的基础研究，如在数学和认知科学等领域开展前沿研究，并在研究过程中逐步调整技术的转化方向。

（2）兰德公司为美军硬科技发展策源

兰德公司是一家智库机构，自身定位于提供"政策思想和分析"，号称"美国的大脑"。虽然名为"公司"，但兰德公司实际上是一个非营利机构，并具有半官方的性质。

兰德公司起源于美国空军的一个研究机构，目前其研究项目约有一半涉足国防和军事领域，其他的研究领域包括国际政策、基础设施、能源、教育、社会福利和公司治理等。兰德公司为美国政府和军队做过一系列极具预见性的战略研究，著名的案例包括"实验性环球太空船的初步设计"（1946 年）、"用于战略轰炸的导弹与飞机"（1952 年）、"导弹时代的战略"（1959 年）、"空射与地射卫星助推器"（1963 年）、"遥控飞行器"（1974 年）和"弹道导弹防御部署方案"（1982—1984 年）等。

为了提高择优判断和有效决策的能力，兰德公司十分重视对研究方法本身的开发，创新和发展了一套系统的研究方法体系，这其中包括系统分析法、博弈论、德尔菲法和行动热点方法等。这些方法在综合和预测高度复杂的战略问题研究中发挥了关键作用，是兰德公司的核心竞争力所在。

高素质的人才队伍是兰德公司高质量成果的另一个关键保证。这首先得益于美国人才流转的"旋转门"机制——很多在兰德公司任职的人员后来都就职于政府部门，完成了从政策分析家到决策者的转变，同时在政府政党更迭之际，兰德公司又为离职的党政要员提供暂时的安身之所，包括亨利·基辛格在内的几任美国国务卿和国防部长都曾有在兰德公司任职的经历。此外，兰德公司设置了多层次的物质奖励和荣誉奖励的机制，为研究员提供高待遇、高福利的同时，雇用了大量的辅助人员为他们服务，使得顶尖人才可以获得足够的施展空间与回报。据统计，前后共有 32 位诺贝尔奖得主全职工作于兰德公司。

五、实体经济和制造业带动硬科技发展

硬科技是重点产业链核心环节上的关键基础技术，硬科技创新高度依赖于制造业等实体经济的发展。没有制造业的发展，就没有硬科技发展的创新生态和应用场景。

1. 扎实的制造业基础推动硬科技跨越式发展

德国扎实的制造业基础为硬科技创新提供了所需的实验环境和应用场景。以电气电子产业为例，德国拥有以西门子、英飞凌、库卡（2017 年被我国美的集团收购）等为代表的世界龙头企业。根据德国电气与电子工业协会的年度报告，2013 年德国电气电子产业的销售额达到 1666 亿欧元，占德国工业总产值的 10%，从业人数为 83.89 万人，其中 21% 以上为工程技术人

员。2013 年，德国电气电子产业在研发上的投入高达 147 亿欧元，在技术创新上的投入为 168 亿欧元，获得 1.4 万项专利授权。根据德国电气与电子工业协会的数据，2016 年德国电气电子产业的出口量增加了 4.4%，连续 3 年创新高，达到 1821 亿欧元。庞大的制造业体系带动了德国硬科技的创新和应用。德国在高精度电子元器件方面具有全球话语权，在集成电路、高保真分立元件、高端电阻器、电容器、缩合器、感应器、无源及混合微电路、电子机械元件（连接器、开关）和印制 / 混合电路板等领域都处于世界领先地位。

德国企业非常重视研发投入，当前，德国制造业的研发投入占 GDP 的比重已经超越美国，位列世界第二。分产业来看，以 2013 年为例，汽车行业投入 182.7 亿欧元，投入数额最大，机械制造业投入 62 亿欧元，电气电子产业投入 147 亿欧元。2011 年，德国企业共申请专利 58 997 件，其中实用新型专利为 15 486 件。同时，德国实行了创新集群政策，注重发挥多元主体的作用，将政府、企业界、科技界以及其他社会力量全部纳入创新网络，通过紧密合作和信息共享实现创新成果的产品转化。

德国的硬科技很多都掌握在科技"隐形冠军"企业手中，这些企业知名度不高，长期坚持只生产单一且相对专业化的产品，在制造业中的某一个细分领域持续深耕，掌握核心技术和精湛的制造工艺，很难被其他企业模仿，因而长期在细分市场保持全球领导地位。例如，德国伍尔特公司是一家典型的"隐形冠军"企业，它只生产螺钉、螺母等连接件产品，却在全球 80 多个国家有 294 家销售网点，拥有超过 400 家子公司、逾 7.7 万名员工，其产品应用于上至航空、航天、卫星、精密机床等重大装备，下至儿童玩具、高端家具等消费品，几乎涵盖了所有行业领域。2018 年，伍尔特公司的全球销售额高达 136 亿欧元。另一家德国知名企业博世长期致力于高精度零部件的研发制造，2019 年实现营业收入 779 亿欧元。它的优势集中于汽油系统、柴油系统、汽车底盘控制系统、电动工具、家用电器、传动与控制技术、热力技术和安防系统，依靠硬科技建立起了强大的创新竞争壁垒。

2. 企业融通促进硬科技产业良性发展

大中小企业融通发展的本质是由企业所构成的产业结构的优化，这是时代发展的规律，更是硬科技产业良性发展的需要。

从历史规律看，第一次工业革命后，世界各国的市场规模普遍较小，产品种类和产量均有限，生产经营单位以 50 人以下的小微企业为主；而到了第二次工业革命时期，电力、机械、铁路等的广泛应用促进了大机器生产的普及，使得生产规模和市场规模不断扩大，能够覆盖产业链的多个环节甚至跨产业链的大型企业越来越多。但当企业规模发展到一定程度之后，按照雇佣人员计算的规模扩张边际递减效应越来越强，这时为了提高产业发展的效率，就要求上下游的大中小企业之间进行协同合作，从而使大企业尽可能专注于从事具有核心竞争优势的主要业务，而将其他业务外包给各具特色的中小企业。

在大中小企业融通的实践方面，瑞士是一个具有代表性的国家。从自然条件上看，瑞士是一个内陆高山国家，国土面积狭小、资源匮乏，但其综合竞争力却在世界上名列前茅，拥有以制造业为代表的一批高质量本土产业。在瑞士的发展奇迹背后，值得注意的是大中小企业融通发展的作用。

大企业和中小企业"双引擎"推动了瑞士的产业创新。从功能定位和产业分工来看，瑞士企业有"两多"的特点。一是世界行业巨头和大公司多。根据美国《财富》杂志 2019 年发布的世界 500 强排名，瑞士有 14 家企业上榜，包括嘉能可、雀巢、罗氏、诺华、ABB 等。二是瑞士中小企业多，中小企业可谓瑞士经济的脊梁，瑞士经济在很大程度上依赖于占企业总数 99% 的中小企业，瑞士全国大约 2/3 的就业岗位都是这些企业提供的。

大企业是瑞士国家创新体系的支柱和建构者，维系着由高校、中小企业和服务商等构成的多边网络。大企业的研发投入比重高，创造了大量高质量的就业岗位和培训机会，并通过与高校和本地企业合作，带动国际技术转移、强化本地科研网络。同时，瑞士的研发实力也吸引了大量外国跨国企业落户，这使瑞士在跨国公司海外研发中心所在地排名中仅次于美国和德国。

中小企业既是国民经济发展的"加速器"，又是经济发展的"缓冲阀"。中小企业在为大企业提供高质量局部产品和服务的同时，将自己的研发活动整合融入大企业的价值链中，进而占领利基市场，即被大企业忽视的高度专业化的小众市场。与大企业相比，中小企业的重大原始创新较少，研发活动主要集中在近市场行为，如产品研发、制造、设计等。但是，瑞士中小企业的创新能力却显著高于欧洲国家的平均水平。调查显示，45% 的瑞士中小企业在近 3 年开展过产品或工艺创新，与德国持平，虽然投入比重较小，但回报率较高，这说明瑞士的创新效率较高。

随着市场规模的扩大，企业的专业化分工趋势更加明显，为数众多的中小企业专注细分利基市场，更加聚焦，因而效率更高、竞争力更强。以无人机领域为例，瑞士目前有超过 80 家的无人机相关企业，这些企业规模不大，却在过去 6 年迅速崛起，集聚形成瑞士的"无人机谷"。这些无人机企业有一个共同的特点，就是专注于无人机特定场景的应用需求，争做该细分领域的"隐形冠军"。

硬科技创新高度依赖繁荣的工业体系，当前也面临着难题。从全球范围来看，产业"脱实向虚"导致实体产业转移和科技产业化难落地的案例不少，比如英国的产业、新加坡的产业、我国香港的产业等。英国是产业空心化的典型代表，制造业占 GDP 的比例仅为 8.9%。英国曾经是世界著名的汽车工业中心，拥有许多世界知名品牌，如捷豹路虎（后被印度塔塔收购）、罗孚（后被上海汽车收购）、宾利（后被德国大众收购）、劳斯莱斯（后被德国宝马收购）等。但 20 世纪 70 年代发生的石油危机，使得英国物质生产部门的成本飙升，加上英国政府战略性地选择了发展金融业，导致国内制造产业陆续转移到劳动力价格较低的周边国家及发展中国家。英国在完成去工业化后，金融、保险、管理服务等产业成为经济的核心支柱，比如英国的黄金交易量达到世界黄金交易总量的 80% 以上。

但是，产业"脱实向虚"带来的严重问题就是科技创新无法在本土产业化，导致错失新兴产业的发展机遇。这也恰恰说明了为什么英国在科研领域和科技人才方面具有全球优势，却在科技产业发展上看不到显著成绩。英国拥有牛津、剑桥、帝国理工等全球顶尖学府，诺贝尔奖得主超过 130 位，其中在科技领域获奖的有 78 位，仅次于美国，但当今世界具有重要影响力的科技领军企业中却很少有在英国诞生的，制造业在其整个国家经济中的比例仍然非常小。制造业空心化带来的直接后果就是科技创新没有办法在本土产业化，进而导致科研人才和产业人才流失，使得国家经济发展逐步走上了依赖金融业的模式，与科技创新和产业发展渐行渐远。

我国香港的产业也经历了类似的发展历程。20 世纪 70 年代是香港制造业的鼎盛时期，当时的香港拥有 17 个支柱产业、200 多万制造业从业人员，被称作"亚洲四小龙"之一。到了 20 世纪 80 年代，香港企业以惊人的速度将制造业搬到内地及东南亚国家，制造业贡献率从 1984 年的 34.5% 大幅下降至 1994 年的 9.2%。与这形成鲜明对比的是，"亚洲四小龙"中的韩国和中国台湾没有采取"180°转弯式"的产业转型，而是积极推动制造业升级，才有了今天在电子信息产业领域的杰出成绩。而香港目前面临着两难的困境，一方面由于高昂的生产资料成本和生活成本，香港难以吸引科技企业和产业，"脱实向虚"的产业体系使得年轻人就业困难并带来了严重的社会问题；另一方面整个社会利益格局被金融、地产等行业寡头控制，导致改革举措难以顺利实施。

这些案例再一次说明了，硬科技要依托实体经济，尤其是制造业，才能更好地发展，如果只依托金融或是 IP 化，硬科技就难以形成产业。

六、科教优势支撑硬科技发展

任何硬科技发展的根源都是人才，而每个国家的科教水平将直接决定硬科技人才的培育质量，良好的科教基础将给硬科技发展带来极大的保障优势。

1. 开放包容的人才政策使硬科技人才集聚

高质量的移民为美国人才质量的提升贡献了重要力量。从 200 多年前建国到成为超级强国，美国科技力量的成长与其开放的人才政策有着直接关系。美国是通过移民输入建立起来的国家，一向渴求世界各地的高级人才。1921 年美国改变了过去对移民群体不加区分吸收的做法，出台了《移民配额法》，并优先吸纳农业技术领域的优秀技术人才，此后逐步减少接纳以一般劳动力为代表的普通移民。在第二次世界大战中，美国从战败的德国、意大利等国吸纳了众多优秀科学家，促进了自身在数学、核物理、原子物理、化学等科学领域的发展。

此外，美国还是第一个从理论上证明人力资源对经济增长有贡献的国家。芝加哥大学经济系教授舒尔茨经过研究认为，20世纪60年代的德国和日本之所以在战后15年迅速发展成为世界第二大和第三大经济体，人才的因素对经济发展的影响要比资本、自然资源等更为关键。1960年，舒尔茨在美国经济学会的"人力资本投资"演讲中说："人类的未来发展在很大程度上是由人才质量和知识投资强度所决定的。"

美国在移民立法方面做到了"与时俱进"，以适应全球人才争夺战在不同时期提出的要求。1924年美国立法机构通过了《约翰逊－里德法案》，该法案规定美国不能接收来自亚洲、中东、东欧和南欧的移民，而1952年通过的《麦卡伦－沃尔特法案》则专门取消了对亚洲的移民禁令。此后，美国立法机构在1965年通过的《1965年外来移民与国籍法修正案》中设置了专门条款，为全球各国高级人才特别留出每年2.9万个的移民名额。为了吸引在科学、教育、商业、体育和艺术等方面具有特殊才能的人才，美国在1990年出台了《家庭团聚与就业机会移民法》，推出了具有革新意义的专才移民签证和投资移民签证。

通过实施以上这些不同时期出台的移民政策，美国打开了吸收世界各国人才的大门。以移民对诺贝尔奖的贡献为例，在1960年以前，美国的诺贝尔奖得主中只有25名移民科学家，但从1960年以后至2013年，这一数字上升到了72名。根据非营利组织美国政策国家基金会的研究，移民科学家为美国创造了许多耳熟能详的"第一"，其中最具代表性的例子就是以爱因斯坦为代表的移民科学家向美国时任总统罗斯福建议开始研究原子弹，最终促成了美国的"曼哈顿计划"；另一个典型例子是，在航天、电动汽车等领域完成了一系列硬科技产业创新的埃隆·马斯克也是移民。

美国充分意识到，由于在科学研究和产业实践方面已经位居世界领先地位，美国不能像其他国家一样满足于通过现有硬科技的商业实践来带动经济增长，而是必须持续地创新。美国雄心勃勃的科技创新战略的落地需要大量高素质的人才作为支撑。为此，美国政府又推出了一系列的移民改革方案。自 2008 年开始，奥巴马政府实施了科技外交政策，以吸收移民、工作交换、学术访问等手段来增强美国科技人才力量，使来自其他国家的优秀科学家的贡献成为助推美国变强大的力量。从学科领域看，美国移民部门更多向工程、物理、数学、计算机和生命科学等专业的入境人员发放签证，并大大放宽了外国学者和留学生的赴美签证限制。2014 年 12 月，白宫官方网站宣布，将通过多种方式改革移民制度，其中最重要的方式之一是简化移民程序，例如让理科和工科的优秀留学生可以更容易获得绿卡，并设立新的签证类别，为美国重要的国家科学实验室留住稀缺的移民人才。

现如今，移民已经成为美国硬科技研究过程中不可或缺的重要力量。从美国大学全日制在校研究生的统计数据看，1982 年电子工程专业学生中有 44% 是外国留学生，而 2011 年这一比例攀升到了 71%；1982 年计算机科学专业的外国学生比例为 35%，而 2011 年则达到了 65%。在美国就业的科学与工程领域的博士毕业生中，外国人所占比例由 1993 年的 23% 快速增长至 2010 年的 42%。以美国七大顶尖癌症研究中心为例，在外国出生的研究人员占比为 42%，其中得克萨斯大学的 MD 安德森癌症中心的移民科学家比例高达 62%，而在位于纽约的斯隆－凯特林癌症研究所，这一比例也高达 56%。

开放的移民政策帮助美国成为全球科技人才的向往之地，为美国的硬科技发展注入了不竭动力。综上所述，在当今全球化的大背景下，想要成为世界强国，首先必须成为人才强国，能否引才、聚才、用才，将会影响一个国家在世界科技版图中的最终地位。

2. 高端人才自主培养造就硬科技产业发展优势

我国台湾地区虽然只有 2300 多万人口，但经济与科技实力却不容小觑。2020 年台湾省名义地区生产总值达 45 855 亿元人民币，是亚洲最富裕的发达经济体之一。2018 年台湾地区有 9 家企业上榜世界 500 强，其中有 5 家企业属于半导体行业，著名的台积电是全球最大的晶圆代工厂商，全球有 50% 以上的芯片代工由其完成。整体来看，台湾地区半导体产业的发展水平在全球仅次于美国。

台湾在半导体产业方面的发展进程与其人才战略息息相关。20 世纪 60 年代，台湾当局抓住当时国际产业转移以及国际分工变革的机遇，大力吸引来自美国、日本等发达国家的资金、技术，重点发展劳动密集型加工产业，使经济迅速发展，为工业发展奠定了很好的基础。到了 20 世纪 70 年代，台湾开始走工业技术的道路，把经济重心转移到通信、信息、半导体、消费电子等高新技术产业上。为了适应半导体等新兴产业发展的人才需求，台湾当局积极派遣了众多留学生和企业青年骨干到美国企业、大学等学习先进技术。这些定向留学深造的人才对台湾半导体产业的发展有开创性的贡献，其中包括台积电创始人张忠谋。由此，台湾半导体产业的基础得以奠定。当时，台湾当局还不惜代价吸引了大量人才，并建立了一批科技园区，如新竹科学工业园，以承载半导体产业和科技人才。此外，台湾的半导体企业积极借鉴国外企业的股份制管理经验，实施了员工分红政策，这使得这些企业对台湾本地及全球科研人才的吸引力大大增强，从而加快了台湾半导体产业的发展壮大。

台湾半导体产业人才的快速增加还有另一个重要原因，就是以台湾工业技术研究院为代表的各类工业研究所的建立为半导体等产业的发展培养了大量的本地杰出人才。相关统计数据显示，台湾工业技术研究院从 20 世纪 70 年代设立到 2016 年，累计为产业界输出了 1.8 万多名人才，这些人后来大都成为台湾半导体企业和研究机构的领导核心与骨干力量。工业技术研究院成立之初，台湾还十分缺乏相关人才。考虑到当时的市场状况，台湾工业技术研究院的工作就是积极吸引并培养能促进业界发展的人才。到了 20 世纪 90 年代，随着全球化浪潮的高涨，人才流失严重，为了应对这种情况，台湾工业技术研究院制定了"人才平衡"政策，不仅促进人才向企业的转移，还实施了一系列政策以吸引更多人才的加入，这些政策包括建立着眼于未来的研究项目以及相关研究奖项，与国际知名研究机构合作，为员工提供进一步开展国际学习和交流的机会，邀请知名专家进行培训，经常拜访高等人才集中的大学，积极邀请有才华的人才加入等。

3. 职业技术教育加速硬科技产业化

高等教育的强大基础科学研究能力为产业创新提供了源头供给，而职业教育是硬科技产业化落地的重要加速器。

瑞士拥有一批世界知名的高等院校，包括苏黎世联邦理工学院、洛桑联邦理工学院、日内瓦大学、巴塞尔大学等。这些高等院校专注于基础科学的研究，具有强大的原始创新能力。从诺贝尔奖获得者的数量来看，2020 年，瑞士的诺贝尔奖获得者数量达到 27 人，人均诺贝尔奖获得者数量居世界第一；从被引论文看，瑞士的论文被引率常年位居世界前列。瑞士还有一些贴近应用研究、具有学科优势的专业院校，如苏黎世联邦理工学院和洛桑联邦理工学院在电子信息、工程学等领域的科研实力雄厚，是瑞士先进制造业的实力支撑。瑞士高校还特别注重技术商业化。2011 年，苏黎世联邦理工学院基金会设立了"先锋学者计划"，该计划每年都会挑选科研人员，为其提供高达 15 万瑞士法郎的创业种子资金，以及最长 18 个月的创业辅导。截至 2017 年底，"先锋学者计划"已为 61 个来自生命科学、工程学、信息技术科学等领域的创业团队提供支持，成立了 34 家初创企业。

在职业技术人才培育上，瑞士发展出了自己的"三元制"职业教育模式。这种职业教育模式既具有德国"双元制"、学徒制等职业教育特色，又具有法国、意大利的职业教育特色。在瑞士，职业教育不是"后进生"的归宿，而是一种衔接高等教育、面向终身教育的体系，为瑞士制造业创造了强大的竞争优势。在瑞士受高等教育的人口中，有 70% 的高中毕业生选择接受职业教育。瑞士把技能培养作为职业教育发展的根本任务，让数以万计的技术工人能接受不同层次的职业教育和培训。瑞士职业教育的蓬勃发展为瑞士的产业发展，尤其是制造业的发展提供了原动力，素质优良的技术工人让瑞士在医疗设备、信息通信、纳米技术等硬科技产业领域傲视全球。

七、科创金融助力硬科技企业成长

基础性、关键性的技术创新只有被企业转化为商业活动时，才能称得上硬科技。与其他企业相比，硬科技企业的资金需求具有体量大、风险高的特征，因此需要通过与之相匹配的科创金融手段来满足。

1. 风险投资为硬科技发展提供"第一桶金"

风险投资是企业获取创业资本的主要渠道。风险资本通过合伙的形式，把投资者分散的资金集中起来，形成风险投资基金，然后通过专业的运作为初创企业提供原始的资金支持，换取企业股份的所有权，以期获取高额回报。这样的模式既能满足硬科技企业在成立初期对"第一桶金"的需求，也匹配它们所能提供的交换条件。

对于最早的风险投资，站在不同的角度可能会有不一样的结论。有一些研究者认为，西班牙女王伊莎贝拉一世在1492年资助意大利探险家哥伦布发现"新大陆"的航海探险旅行，是人类历史上第一次风险投资的实践。在第二次世界大战时期的美国，一些富裕的家族曾非正式地投资新的风险项目，但这只是一种业余的投资形式。严格意义上说，全球第一家专业风险投资公司是由乔治·多里奥特于1946年在美国成立的美国研究与开发公司（American Research and Development Corporation，ARDC）。

其实，早在第二次世界大战之前，美国经历了"大萧条"经济危机之后，其学术界、经济界和金融界就已经意识到一个国家不能仅仅依靠现有的大企业来维持国家竞争力，美国要想获得可持续的国家优势，就必须依靠持续的创新，依靠数量更多、更具活力的初创公司和中小企业。但是这些初创公司和中小企业在发展初期的抗风险能力相对较弱，并且经常面临缺乏资金等问题。多里奥特联合了物理学家卡尔·康普顿（曾任麻省理工学院的校长），以及时任美国联邦储备银行波士顿分行行长纳夫·弗兰德斯等人，为建立国家创新机制而努力奔走。他们在对彼时已有的各种商业模式进行探索的基础之上，大胆创新，设计并成立了一个全新的、专业的投资公司，也就是 ARDC。当时，ARDC 的目的就是支持初创企业，并将科研成果转化为商用技术，最终成为一个营利性企业。在这之后，ARDC 便带动了美国硅谷的一系列重大科技创新，尤其是与信息技术有关的硬科技创新。从硅谷形成到繁荣的几十年间，风险投资完成了弥补传统融资渠道的不足、扶持硬科技企业走过初创期的重要任务。

早期半导体产业的发展是风险投资发挥作用的一个典型案例。1957 年，包括集成电路主要发明人罗伯特·诺伊斯在内的"八叛逆"离开了肖克利实验室，他们为了给自创的企业寻求资金，找了 35 家公司，结果都被拒绝了，这些公司认为他们不了解半导体这种新技术。后来投资银行家阿瑟·洛克帮他们找到了摄影器材公司的老板谢尔曼·费尔柴尔德，后者同意向他们的公司投资 150 万美元，并约定如果公司连续 3 年净利润超过 30 万美元，他们有权以 300 万美元收回股票，或者在 5 年后以 500 万美元回购股票。这就是现代风险投资史上的第一次风险投资合作，洛克也被称为"风险投资之父"。这家名为仙童半导体的公司后来又孵化出了包括英特尔和 AMD 在内的一系列半导体行业巨头，而英特尔的诞生同样受益于洛克筹集到的 250 万美元风险投资。

可以说，有了风险投资，才有了半导体产业，从而才有了后来的硅谷。在孵化出半导体产业之后，风险投资又参与了包括苹果、甲骨文、微软、思科、谷歌等在内的一系列硅谷重要企业的早期投资。一项统计数据表明，20 世纪 70 年代以后成立的风险企业，有 30% 的企业把风险资本作为主要创业资金来源；15% 的企业则明确表示，在企业成立初期，风险投资是它们最主要的资金支持。在 1997 年，美国的风险投资基金共向 1848 家公司投了 144 亿美元的风险资本，而硅谷的 187 家公司吸纳的风险资本总额高达 36.6 亿美元，约占全美风险资本总额的 1/4，占整个旧金山湾区使用资本量的 90% 以上。

除了信息产业，生物医学产业的发展也受益于风险投资。创立于硅谷的Alza公司是全球载药技术的先驱和集大成者，从1968年创立到1979年第一个产品获批，Alza在长达11年间几乎没有收入，全靠来自瑞士的汽巴精化给予的1500万美元风险投资度过困难时期。这笔风险投资换取了Alza公司50%的股权，而2001年Alza被强生收购时的价格是105亿美元。实际上，源自硅谷的几大生物技术巨头——安进、基因泰克、吉利德科学和昂飞（现被赛默飞收购）等企业都是依靠风险投资起家的。

风险投资的模式在解决科技企业初创阶段资金问题的同时，也大大激发了技术人员的工作积极性。正如创立了仙童半导体和英特尔的罗伯特·诺伊斯所说的，风险投资的模式给了他很大的信心去创立更伟大的公司，"像我这样的人本以为这辈子只是上班挣工资的命，突然间，我们竟然得到一家新公司的股份"。由此可见，硅谷硬科技企业与风险投资互动成长。风险投资具有传统投资模式不可比拟的技术专业性，故而风险投资行业更需要从其投资领域中吸收优秀人才。仙童半导体创始人中的尤金·克莱纳和"风投教父"唐·瓦伦丁离开仙童半导体后，分别创办了风险投资公司KPCB（凯鹏华盈）和红杉资本，这些都是当今风险投资领域的巨头。

看看我们国内，虽说中科创星名气不显，但它在我国已成为科技金融领域为硬科技提供"第一桶金"的典型代表。米磊在大多数投资机构还着眼于投资互联网领域周期短、回报高的企业时，毅然发起并成立了中国第一只硬科技天使投资基金，重点为实验室科研成果、早期硬科技企业提供资金支持，帮助科研成果走出实验室。这与ARDC立足于将科研成果转化为商用技术的出发点很类似，也同样做到了为在初创和发展初期的国内硬科技企业提供资金、人力等多方面的帮助，并取得了一定成绩。截至2020年12月，中科创星已经发起11只硬科技基金，总规模突破53亿元，孵化硬科技初创企业超过 350 家，市值突破 804 亿元。

2. 国家金融服务硬科技企业起步的"第一公里"

1958 年，美国小企业管理局实施了小企业投资公司（Small Business Investment Companies，SBIC）计划，旨在缓解中小企业创新发展的融资压力，帮助企业渡过初创风险期，成功实现创业发展。SBIC 计划目前已发展为美国政府扶持中小企业创新创业的最大风险投资项目，有效推动了美国创新型国家战略的实现。SBIC 是经美国小企业管理局许可后设立的私人风险投资公司，以小企业管理局提供融资担保为主要募资方式，重点投资本土创新型小企业。

SBIC 计划的最大特色在于，美国政府充分利用杠杆担保方式帮助 SBIC 募集资金。SBIC 每从私人投资者（养老金、基金会、银行、高净值个人等）处募得 1 美元资本，美国小企业管理局将有条件承诺最高 2 美元的担保，用于 SBIC 从公开市场通过债券募资。通过美国小企业管理局这种杠杆操作方式，SBIC 能够获得约 2 美元的配套资金，共同形成 3 美元的资金池，通过债券投资或股权投资，投资创新创业型企业。这种模式如图 5-1 所示。

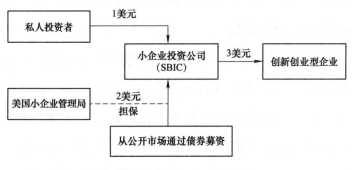

图 5-1 SBIC 计划运作示意

该计划实施 60 多年来，美国小企业管理局已为 2100 余家 SBIC 发放许可，共计提供 670 亿美元规模的资金支持，投资小企业 16.6 万家。目前在注册的 SBIC 有 314 家，管理资金规模超过 300 亿美元，已成为小企业风险资本的最主要来源。苹果、英特尔、惠普、联邦快递、特斯拉等知名企业都曾从该计划中受益。

3. 健全的信用担保体系为硬科技发展提供良好的融资环境

中小企业作为硬科技创新和科技成果转化的主体，在成长过程中往往伴随着高风险。为了优化支持硬科技企业发展的融资环境，需进一步健全金融机构的信用管理体系、加强对硬科技企业的信贷管理、定期评定硬科技企业的信用等级，以有效防范信贷风险。

社会信用是现代市场经济的基石，"有借有还、再借不难"一直是资金借贷所提倡的基本原则。由于科创金融风险较高，建设完善的社会信用体系是完善我国社会主义市场经济体制的客观需要，也是保障科技金融资金安全运行的重要举措。

中小企业融资难是世界范围内的普遍难题。自 20 世纪早期开始，许多国家和地区都建立起了各自的信用担保体系，并切实改善了中小企业的融资环境，促进了中小企业的发展。

日本是世界上最早建立起信用担保体系的国家。20 世纪 30 年代，日本的金融和实体经济遭到席卷世界的"大萧条"的严重打击，而中小企业由于成本占比高、信用等级低等因素更是遭到了灭顶之灾。日本政府为了缓解这一困境，于 1937 年成立了东京信用保证协会，作为专门面向中小企业提供融资的机构，并提出了损失补偿机制来支持其向中小企业提供融资。随后，京都和大阪也分别在1939年和1942年设立了信用保证协会，到1952年，日本各地共成立了52个信用保证协会，1955年成立了全国信用保证协会联合会，至此形成了中央与地方风险共担的信用担保体系。日本的信用担保体系在很大程度上缓解了中小企业融资难的问题。据统计，日本近一半的中小企业都利用过或正在利用本国的信用担保体系。在2001年，日本有210万家企业使用了信用担保体系进行融资，占所有中小企业数的44.9%。

美国于1953年通过了《小企业法案》和《小企业融资法案》，并成立了小企业委员会和小企业管理局，为中小企业提供贷款担保、经营管理咨询和发展规划服务。美国目前形成了3个层次的中小企业信用担保体系。一是全国性的中小企业信用担保体系，对一般担保贷款而言，美国小企业管理局对75万美元以下的贷款提供总贷款额75%的担保，对10万美元以下的贷款提供总贷款额80%的担保，贷款偿还期最长可达25年。对于少数民族和妇女所办的中小企业，美国小企业管理局可提供25万美元以下、额度为90%的贷款担保。二是区域性的专业担保体系，由地方政府操作，因美国各州情况不同而各有特色。三是社区性小企业担保体系，截至2004年，美国小企业管理局共为15余万家企业提供了360多亿美元的贷款授信担保，并支持了85亿美元的小企业风险投资业务。

韩国从20世纪60年代初开始建立信用担保体系。韩国政府于1961年11月颁布了《信用保证储备基金体系法》，1967年颁布了《中小企业信用担保法》，1975年进一步颁布和实施了《中小企业系列化促进法》，并于1976年成立了韩国信用担保基金，专门为具备高成长性，但因缺乏有效抵押物而难以从金融机构获得信贷支持的企业提供融资担保。此后，韩国在1989年和2000年成立了科技信用担保基金和信用担保基金，进一步完善了高新技术企业和中小企业的信用担保体系。尽管起步晚于美国和日本，但韩国的信用担保业务发展迅速。截至 2009 年，韩国已经成为世界第三大信用担保市场，韩国信用保证基金组织的资金达到 63 760 亿韩元，累计为 21 万多家中小企业提供 389 640 亿韩元的信用贷款。

我国台湾地区于 1974 年成立了中小企业信用担保基金，其性质是由台湾当局和银行共同出资成立的公益财团法人，其中台湾当局出资占比超过 50%，其主要模式是在中小企业向银行申请贷款时提供 80% 的信用担保。1997 年，台湾成立了中小企业互助担保基金，建立了民间互助担保制度，即通过企业之间的互助合作分摊风险、提升信用等级。到 2000 年底，台湾信用担保基金累计为近 13 万家企业提供了 2 万多亿新台币的信用担保贷款，协助企业获得的融资近 3 万亿元新台币，在其帮助下最终规模发展壮大的企业数量大约占台湾大企业的 1/3。

各个国家和地区的信用担保体系虽然在组织机构、运作模式、资金来源等方面千差万别，但都在扶持中小企业生存、助力中小企业成长、缓解中小企业融资难的问题方面发挥了重要的作用。

八、创新生态成就硬科技产业

当下越来越多的产品集合了众多领域、跨学科的关键技术，并且生产制备流程涉及多个产业，因此做好集成创新成为硬科技产业发展壮大的一种重要途径。

1. 捆绑上下游利益共同体，促进集成硬科技研发

在硬科技所涉及的产业链中，并不存在绝对的"上游控制下游"或"下游控制上游"的关系，硬科技的性质决定了它对上下游的利益相关方都具有关键意义，硬科技的研发主体利用这一地位将上下游相关方捆绑为利益共同体，从而共同促进硬科技的研发。

光刻机是集成电路制造过程中最重要的设备之一。光刻机的功能是将电路图转移到单晶硅片上，其组成包括光源系统、机械系统、控制系统等，是光学、化学、材料学、精密仪器制造等技术的交叉复杂综合体。光刻机是集成电路生产线上时间和资金成本占比最高的设备，根据格罗方德半导体股份有限公司的统计数据，光刻工艺在集成电路制造时间成本中的占比高达40%～50%，资金成本占比约27%，且随着制程进步还有进一步增长的趋势。

荷兰阿斯麦公司（简称 ASML）是全球最大的光刻机制造商之一。2019年全球光刻机市场总出货量为 354 台，其中 ASML 出货 229 台（含极紫外光刻机 26 台），约占全球 65% 的市场份额。ASML 在光刻机高端市场一家独大，并且在最先进的极紫外光刻机市场的占有率为 100%。

ASML 于 1984 年成立于荷兰南部城市费尔德霍芬，由飞利浦与半导体设备制造商 ASM 国际合资组建。1986 年，ASML 提出光学校准技术，使用缩小比例的掩模与光学镜头调节曝光尺寸，推出世界首台步进式光刻机，这成为其硬科技迭代创新的基础。

ASML 通过主导上下游利益相关方合作推动硬科技创新。ASML 的合作伙伴既包括上游的各国科研机构、基础技术供应商，又包括下游的芯片制造商客户。

在上游，ASML 通过整合全球研发机构、基础技术供应商来支撑自身研

发。ASML 与美国劳伦斯利弗莫尔国家实验室、瑞士苏黎世联邦理工学院、IMEC，以及中国的上海集成电路研发中心建立了紧密的协作关系，利用这些全球顶尖科研机构的基础研究优势，开发新的系统和改进现有模型。如 ASML 与 IMEC 的合作关系长达 30 多年，双方共同制订了多个长期发展计划，近几年正在共同探索下一代高数值孔径的极紫外光微影技术的潜力，以便能够制造出更小型的纳米级组件，从而推动 3 nm 以下的半导体制程的发展。另外，ASML 的上游有超过 5000 家供应商合作伙伴，通过整合这些供应商，ASML 解决了关键零部件技术问题，并且与它们建立了长期合作关系。早在 1985 年，ASML 就开始与其核心供应商、世界光学镜头"龙头"之一的卡尔蔡司公司合作，共同改进光学系统。2016 年，ASML 以 10 亿欧元的价格购买卡尔蔡司公司下属蔡司半导体有限公司 24.9% 的股权，并承诺在之后 6 年向后者提供总额达 7.6 亿欧元的资金支持，协助后者开展提升数值孔径的研发工作，并支持其供应链投资等其他资本性支出。

在下游，ASML 把全球顶尖半导体制造商客户纳入合作版图，与客户保持全方位联系，分享知识和风险，并共同把控创新方向。ASML 与客户通常会在一个团队内协作推进，根据客户的需求设计自己的产品，帮助客户实现他们的技术路线，确保自己的研发与市场需求保持高度一致。2012 年，ASML 提出客户共同投资计划，允许大客户对 ASML 进行股权投资，前提是它们要为 ASML 未来计划的研发支出有所承诺。英特尔、台积电、三星总计投入 38 亿欧元，取得 ASML 23% 的股份，并另外出资 13.8 亿欧元支持 ASML 的极紫外光刻机研发，助其在 5 年内实现该产品量产。每年英特尔、台积电、三星这些大客户都会给 ASML 投入巨额的研发经费。ASML 在硬科技研发上基本保持着"合作伙伴出一半、自己出一半"的投入模式，通过这种共担研发风险的方式，ASML 能够确保自己及其合作伙伴始终站在最前沿的技术研发的跑道上，保持技术的引领性。

ASML 上下游的每一个合作伙伴都有自己的"独门绝技"，因此在 ASML 搭建的协作生态中，合作伙伴之间深度绑定，形成"共荣共生"的关系。各方在联合打造世界上最先进的光刻机产品的同时，又依托这个产品进行更前沿的研发，从而不断升级自己的技术，逐渐拉开与"朋友圈"之外同行们的差距。假如某一方从这个体系中宣布退出，将接触不到最前沿的光刻机产品及其技术体系，这就会使得这一方在半导体硬科技研发之路上失去最先进的平台和产品依托，最终落后于行业发展，面临被时代"踢出局"的危险。

综上所述，ASML 与上下游利益共同体真正捆绑到了一起，不仅仅在资本和零部件上产生联系，更在与硬科技研发相关的知识与技术方面深入交流和共享，共同推动上下游主体的共同进步。正是基于 ASML 打造的这种共生、共赢、共荣的协作关系，这个"朋友圈"内的伙伴们才能始终在光刻机领域内保持技术上的领先优势，并持续不断拉开与竞争对手之间的差距，在产业上实现世界领先。

2. 开源与企业创新联盟加快推动产品迭代

硅谷"钢铁侠"埃隆·马斯克的"代表作品"除了 SpaceX 之外，还有全球知名的电动汽车公司——特斯拉。特斯拉的发展过程在汽车工业中验证了类似于开源软件的发展规律。马斯克在早期创立特斯拉时曾表示："因为担心大型汽车厂商会复制我们的技术，然后利用其规模雄厚的制造、销售和营销能力压垮特斯拉，我们不得不利用发明专利来保护我们的创新技术。"也正是这样，特斯拉作为首批看到电动汽车开发潜力的公司，在加大投入研发创新的力度之后，获得了十分可观的收益。

对专利数据库进行检索，可以发现大约 900 项专利的申请方为特斯拉公司或特斯拉汽车公司。最早的一批专利是在 2006 年 11 月申请的，主要应用于安装、冷却、连接和保护电池的方法与设备上。之后，在 2007 年 12 月申请的专利则跟电动机的高效转子有关。还有许多早期的专利涉及了电池、电池的热管理、检测与故障预防，以及充电系统和电池设计等众多应用方向。可以说，特斯拉在发展的前 10 年能够逐步壮大的重要原因之一正是很好地利用了专利制度作为保护壁垒。

在当时极少有公司在上述领域进行大量的应用开发工作，这让特斯拉在竞争中形成了天然的先发优势。特斯拉不仅在创新与开发方面领先一步，还依靠专利授予的"技术垄断权"阻止他人未经许可而使用这些专利。因此，当马斯克在 2014 年喊出"我们所有的专利都属于您"时，可以想象这句话会让人感到多么惊诧。

特斯拉开放所有专利，很大一部分原因在于：让更多的人或企业投入世界电动汽车发展和普及的浪潮当中。开放专利提高了特斯拉技术的普适性，使得它在标准制定中抢占了有利的地位。"我们真正的竞争对手并不是那些其他公司生产线上小规模制造的非特斯拉电动汽车，而是每天从世界各地工厂中涌出的大量燃油车。"2019 年 2 月 1 日，马斯克在社交平台上发布道。他已经明确认识到，尽管特斯拉的市值已高达数千亿美元，但全球电动汽车的整体发展还处于初期阶段。

特斯拉开放专利的做法更像是拉起大旗，号召更多的电动汽车厂商涌现并推动了新能源汽车的"革命"。从这个角度来看，特斯拉在专利方面的转型无疑是成功的。参考中国电动汽车行业的发展状况，蔚来、小鹏和理想等国内电动汽车厂商快速崛起的时间，正是在特斯拉公开其所有技术专利之后。"受益于特斯拉"这一点也得到了国内众多汽车行业分析师、业内创业者的承认。

可以说，在全球新能源汽车领域活跃着的"尚不成熟"的竞争对手，很多都是由特斯拉自己"一手扶植"起来的。这不但推动了电动汽车市场的快速成长，也加快了各国对充电桩等电动车基础配套设施的建设速度。不过，基础配套设施规模的扩大，也会带来一个与手机使用相似的问题：充电接口能否通用？想要解决这个问题，统一技术标准便是最好的方法。显然，如果特斯拉建立了一个以其技术为支撑的产业联盟，它将不仅是一个电动汽车的制造者，更是上游核心资源的掌控者，可掌握技术标准的话语权。马斯克曾说过，联盟是打破用户习惯性使用内燃汽车桎梏最好的手段。

通过技术开源，特斯拉让对技术研发的投入在更长远的目标上为自身带来更大的回报。对特斯拉来说，开放电池、动力系统和总成设计等专利的意义在于将底层市场铺设得更加广阔：一方面可提高产业链的集合度，以便进一步控制生产成本、提高产能；另一方面还可以依托更为丰富的数据与经验，将自身主要的研发精力投入更为"上层"的设计之中，以确保在业内"一马当先"的优势。实际上，对一种庞大的技术体系而言，其发展形态就像是一座金字塔，只有底层技术越来越宽广，上层的塔尖才能够到达更高的位置。

硬科技

第六章

硬科技发展的战略与政策建议

一、推动硬科技发展的总体战略

发展硬科技是贯彻党的十九届五中全会关于科技自立自强的重要精神的关键举措，是落实"十四五"科技创新规划的重要任务，应从国家"顶层设计"的角度进行全方位部署和安排，贯彻到国家中长期科技发展规划中，为未来 5 年和 15 年的科技改革发展定好"路线图"和"施工图"。

1. 将硬科技上升为国家科技创新发展的战略支撑力量

硬科技作为事关国家创新主动权、发展主动权的关键核心技术，对补位国家战略性技术缺失具有重要作用，是国家打破国外技术封锁、培育新技术轨道、谋划战略均衡的重要承载力量。同样，硬科技作为对人类社会变革和世界发展起主导作用的关键核心技术，遵循"二八法则"，将对整个世界的发展和全球变革起到关键引领作用。全面塑造发展新优势，离不开国家战略科技力量的支撑。为发挥这一战略力量，应加强科技改革发展系统谋划，紧紧围绕党的十九届五中全会提出的目标任务，紧扣科技创新职责使命，切实将学习贯彻全会精神的成果转化为谋划发展的思路举措；建议将发展硬科技上升为国家战略，强化顶层设计和系统布局，在国家各项战略、科技规划、产业政策和重大项目中聚焦攻关硬科技，使之成为国家创新体系建设的重要支撑。

一是从国家层面制定硬科技发展战略。聚焦"双循环"新发展格局下的经济社会发展需要,对硬科技领域的国家重大科技基础设施建设、重大项目安排等予以重点支持。建立硬科技领域国家高层次创新决策咨询机制,定期向党中央、国务院报告国内外科技创新动态,提出硬科技发展的重大政策建议。鼓励支持硬科技企业参与国家重大科技任务,充分发挥企业机制体制灵活、市场敏感度高等特点,强化企业技术创新主体功能,形成具有市场竞争力的硬科技产品。

二是在科技创新方向选择上,夯实硬科技发展的战略地位。在科技创新规划方向与重点上,以国家重大需求、国民经济主战场和世界前沿为核心,"抓关键、瞄前沿、补空白",推动我国在"十四五"期间抓住新一轮科技革命的主导型硬科技。由政产学研联合,准确预判新一轮科技革命的科技创新方向,识别出具有强大带动能力的少数关键领域、关键产品、关键环节和关键技术;编制硬科技技术目录作为科技计划项目支持的重点方向,形成可用于"揭榜挂帅"的硬科技榜单,以及在科创板上市可依据的硬科技企业评价标准,指导和引领全社会力量集聚攻关硬科技技术,培育硬科技世界冠军企业,发展硬科技新型引领性产业集群,为我国建设世界科技强国和整体提升国家竞争力奠定雄厚基础。

三是在科技创新部署上,强化全国硬科技"一盘棋"布局。以建设世界科技强国为总牵引,从顶层设计上开展全国系统布局,立足各战略区域要素资源禀赋和硬科技优势,从宏观上让国家科技战略力量与区域发展实现统筹和精准互相融合,形成"优势互补、错位发展、高水平协作"的国家区域创新协同发展体系,解决各区域创新发展"各自为战"导致的国家创新资源重复浪费和低水平竞争问题。如以京津冀、粤港澳大湾区、长三角、成渝双城等国家重大战略经济圈为单位,明确发展硬科技的重大战略方向,继而推动同方向的国家科技、人才、产业等各方面优势力量向同一区域聚集，打造特色鲜明、带动性极强的差异化区域科技创新中心，聚焦硬科技"卡脖子"方向的集中攻关，以最集中的资源，在最短时间内实现硬科技"卡脖子"技术的突破，同时支撑国家各区域经济转型升级和高质量发展。

2. 完善适应硬科技创新发展的科技创新体系

完善科技创新体制机制，启动新一轮科技体制改革，推动科技体制改革从立框架、建制度向提升体系化能力、增强体制应变能力转变，是推进国家治理体系和治理能力现代化的题中应有之义，能够为促进经济社会发展、建设社会主义现代化强国提供有力支撑。党的十八大以来，习近平总书记就我国科技事业的发展多次发表重要讲话、作出重要指示批示，进一步明确我国科技事业发展的总体定位、战略要求和根本任务，为科技创新提供了根本遵循和行动指南。但总体上看，面对世界新一轮科技革命和产业变革方兴未艾、科技竞争日益激烈的新形势，我国科技创新任务十分艰巨，尤其需要在体制机制上为科技创新提供保障。党的十九届五中全会公报提出："完善国家创新体系，加快建设科技强国。要强化国家战略科技力量，提升企业技术创新能力，激发人才创新活力，完善科技创新体制机制。"

一是构建适应硬科技发展的社会主义市场经济条件下的新型举国体制。举国体制作为社会主义制度集中力量办大事的具体体现，在支撑国家重大战略实施、重大工程突破、重大灾害应对等方面发挥着重要作用，是我国国家制度和国家治理体系的显著优势之一。2020年4月，中央全面深化改革委员会第十三次会议指出，"加快构建关键核心技术攻关新型举国体制"。发展硬科技，应构建适应硬科技发展的社会主义市场经济条件下的新型举国体制，聚焦国家创新体系 4～6 级薄弱环节，打好关键核心技术攻坚战，提高创新链整体效能。具体就要在硬科技领域"揭榜挂帅"，更好地发挥政府作用，加强统筹协调，集中力量抓重大、抓尖端、抓基本。本书通过对硬科技发展战略的研究，形成硬科技技术目录，期待能够成为国家"揭榜挂帅"的榜单，通过把集中力量办大事的制度优势、超大规模的市场优势同发挥好市场机制和企业主体作用有机结合起来，让各行各业能者上任，以期在关键领域、关键产品、关键环节和关键技术上形成重大突破，破解"卡脖子"之痛，取得部分领域前瞻性引领成效，并占据产业发展制高点，提升我国科技创新整体竞争力。

二是加大基础研究投入，健全鼓励支持基础研究、原始创新的体制机制。我国科技创新已从以跟跑为主转向跟跑和并跑、领跑并存。科技革命和产业变革往往是在基础研究取得重大进步的基础上发生的。要在新一轮科技革命和产业变革中赢得主动和先机，必须从基础领域做起，从创新链的最前端做起。《中共中央关于制定国民经济和社会发展第十四个五年规划和二〇三五年远景目标的建议》中明确指出，要"加强基础研究、注重原始创新，优化学科布局和研发布局""制定实施战略性科学计划和科学工程，推进科研院所、高校、企业科研力量优化配置和资源共享"。当前，我国要加快组建国家实验室，重组国家重点实验室体系。集合精锐力量，作出战略性安排，加快关键核心技术攻关，为保障产业链供应链安全稳定提供有力支撑。瞄准若干硬科技前沿领域实施一批具有前瞻性、战略性的国家重大科技项目。布局建设综合性国家科学中心，支持北京、上海、粤港澳大湾区形成国际科技创新中心，打造一批具有国际竞争力的区域创新高地。这些体现国家战略意图关键领域的重大科技项目和创新中心的布局，正是硬科技发展的关键基础所在，建议在提高财政支持比重、尊重科学研究规律的基础上，构建有利于创新创造的体制机制，同时持续深化传统科研体制机制改革。

三是建立以企业为主体的产学研深度融合的技术创新体系。2018 年 5 月，在两院院士大会上，习近平总书记指出："要优化和强化技术创新体系顶层设计，明确企业、高校、科研院所创新主体在创新链不同环节的功能定位，激发各类主体创新激情和活力。"通过建立以政产学研结合、科技服务和科技金融等为基础的科技创新动力支撑体系，实现知识创新、技术创新与实体性要素的相互结合，打造新的生产能力，创造新的价值。同时，要充分发挥市场在资源配置中的决定性作用，建立以企业为主体、市场为导向、产学研深度融合的技术创新体系。支持大中小企业和相关主体融通创新，发挥好大中小企业和科研院所、金融机构、应用方和需求方等各主体的作用，形成各得其所、相互协同、相互支撑的良好创新生态系统。创新促进形成科技成果转化机制，破除制约科技成果转化的体制机制障碍，让企业和市场在技术创新决策、研发投入、科研组织实施和成果转化评价等各环节发挥主导作用。

3. 实施硬科技关键技术攻关的重大系统工程

党的十九大报告中强调，"实现伟大梦想，必须建设伟大工程"。对于硬科技的发展，在科技创新体系全链条体制机制的保障下，建议系统打造能够强化硬科技前端科研供给（科研端）、硬科技成果转化（转化端）和硬科技产业发展（产业化）各环节的重大工程，如打造一批能够充分调动政府与市场、国有与民营、"政产学研金介贸媒"等的创新主体力量，能够有效融合产业链和创新链的各创新资源的新型机构，构建"国家新型实验室 + 地方主导创新型实验室"为代表的硬科技关键核心技术攻关体系，补位和完善国家创新体系生态闭环。

一是围绕产业链部署创新链。以产业需求为导向，强化关键核心技术攻关与协同创新，推动创新链高效服务产业链。要围绕产业链供应链的关键环节、关键领域、关键产品，布局"补短板"和"建长板"并重的创新链，培育催生新兴产业的增长点。硬科技助推经济"双循环"和高质量发展，首先要培育出面向产业应用的高质量前端科研供给，为产业源源不断地提供可转化为社会经济价值的科技成果。建议"十四五"期间，国家以《硬科技技术目录》为基础，开展直接面向应用的科技创新重大布局，联合国有与民营各方力量，重点瞄准"卡脖子"技术和未来引领性技术，保障我国产业链供应链的安全稳定性，分步骤、分方向建设国家创新中心、综合性国家科学中心；建设一批中国的"弗劳恩霍夫项目中心"；建立一批集基础设施、专业设备、专业知识、工艺开放能力、工程制造能力等要素为一体的新型研发机构和科研共性技术平台，形成面向产业应用的世界一流重大科技基础设施集群以及工程工艺自主可控的中国制造品牌，全面提升我国产业链的现代化水平和竞争力。

二是围绕创新链布局产业链。发挥硬科技的引领作用，通过创新成果快速转移转化，推动产业结构转型升级，孕育催生新产业。在全球科技创新空前密集、活跃的关键时期，以人工智能、光电芯片、新材料等为代表的硬科技技术正在加快发展，并不断突破应用，孕育催生新业态、新模式和新需求，这些技术将给全球发展和人类生产生活带来变革性影响。建议深化对创新是引领发展的第一动力的认识，围绕创新链布局产业链，以国家现有科研优势为牵引，着力推动硬科技成果向现实生产力转化，围绕硬科技成果转化项目和企业 IP 到 IPO 各成长阶段的需要，打造集基础设施、专业知识、工艺开放能力、工程制造能力以及供应商为一体的产业配套体系，培育硬科技产业公地。同时要瞄准科技制高点布局引领性、变革性技术，以高质量科技供给，推动传统行业创新发展，培育壮大各种新兴产业，打造经济高质量发展的新增长点。

4．把国家高新区作为硬科技发展的集聚地和策源地

经过 30 多年的发展，国家高新区集聚了丰富的创新资源、创新了体制机制、优化了发展环境，涌现出一批具有竞争力的产业和企业。国家高新区已经成为我国高新技术产业发展的一面旗帜，成为我国依靠科技进步和技术创新推进经济社会发展、走中国特色自主创新道路的突出典范，成为发展硬科技的最佳区域载体。建议将国家高新区作为硬科技发展的主阵地和集聚地，在国家高新区布局硬科技创新示范区，形成对国家战略的聚焦、对区域经济的带动、对产业发展的引领。

一是塑造硬科技创新示范区。依托有条件的国家高新区，布局一批硬科技创新示范区，发挥引领示范带动效应。率先在示范区探索可复制、可推广的硬科技发展模式，充分发挥创新高地的主引擎作用，形成硬科技发展的先行引领区。以全国硬科技发展示范区为承载，集聚一批世界一流高端人才，实现知识创造和技术发明的领先；培育一批技术国际领先的硬科技企业，形成产业竞争的国际优势；形成一批具有创新驱动力和国际竞争力的创新型硬科技产业集群。以国家高新区为引领，在全球产业发展格局中，形成产业的价值链高端控制优势，使国家高新区成为支撑国民经济持续发展的创新经济体。

二是鼓励创新政策在硬科技领域先行先试。依托国家高新区、自主创新示范区等平台载体，推动国家创新政策在硬科技领域先行先试。建议创造条件，在国家、省、市、区 4 个层面都出台具有突破性和竞争性的硬科技发展优惠政策，涵盖新型机构建设、空间布局、平台建设、生态营造、产业发展区域协同等创新发展的各个方面，为整个国家的科技创新发展带来强劲动能。

5. 把硬科技企业作为硬科技产业发展的关键力量

从世界发展史来看，大国的竞争往往体现为世界一流企业在全球市场中的角力。在信息时代，集成电路推动了消费电子产业的发展，催生了一批当时富有竞争力的世界一流企业。20 世纪 70 年代，位于美国硅谷的仙童半导体、英特尔、AMD、德州仪器等一批世界一流企业有效带动了美国经济持续高速发展。随着世界集成电路产业从美国转移至日本，造就了富士通、日立、东芝、NEC 等世界顶级的芯片制造商。到 20 世纪 80 年代，台湾工业技术研究院以较强的平台能力支撑了我国台湾地区半导体产业的起步和发展，先后培育出台积电、台联电、联发科技，使台湾半导体产业一直处于国际领先地位，引领台湾地区的经济飞速发展。因此，在当前国际竞争环境下，建议加快布局，培育具有全球竞争力的世界一流硬科技企业，去全球市场上参与竞争角逐。

一是以硬科技企业评价标准为指引，培育一批世界一流硬科技企业。构建"硬科技研发—硬科技企业—硬科技产业"的创新链条，制定差异化、精准化的硬科技企业支持政策，不断培育壮大硬科技企业群体，探索以企业为核心的硬科技成果产业化的新模式，更好地发挥企业在硬科技产业化过程中的主体地位和创造性。深入推动国有企业和民营企业在硬科技发展方面协同创新，加快培育具有全球竞争力的世界一流硬科技企业。

二是培育具有全球竞争力的硬科技产业集群。发展硬科技的最终目标是形成硬科技产业，促进我国产业向价值链的中高端跃进。鼓励各地结合当地资源禀赋，聚焦全球硬科技发展前沿，培育具有全球竞争力的硬科技产业集群。

三是开展补链强链行动。硬科技产业链协同发展是保持经济社会平稳发展和持续性增长的重要抓手。立足"双循环"新发展格局，以大型龙头企业为牵引，不断丰富产业链生态体系、提升产业链能力，促进大中小企业融通发展，使硬科技企业成为产业竞争力顶端的"皇冠"。

四是大力发展实体经济。为硬科技企业发展创造良好的土壤和环境，将硬科技作为支撑实体经济和制造业转型升级的关键动力。

二、政策建议

根据硬科技的发展范式，分析硬科技发展的要素缺失和政策短板，从顶层设计、中观规划、微观行动等多层面，提出部署和发展硬科技的政策措施，打好政策"组合拳"，精准支持对经济发展和产业变革具有关键支撑作用的硬科技创新活动，强化我国产业链关键领域、关键产品、关键环节的保障能力。

1. 做好硬科技发展的顶层设计

打造国家战略科技力量，加快对硬科技进行更深入的系统性研究，不断完善硬科技的技术领域、评价标准和指标体系，进一步凝聚促进硬科技发展的社会共识，形成推动我国关键核心技术创新攻关和高新技术产业高质量发展的强大合力；让硬科技发展坚持贯彻新格局发展理念，根据构建"双循环"发展格局的要求进行科技创新的战略规划，以及重大任务和政策的制定。建议支持火炬中心等国家科技创新创业专业化机构，深入研究中国特色社会主义国家的创新体系和创新治理框架，分析国家创新发展的影响因素，从企业政策、产业政策、科研投入政策、科研活动政策、人才政策、金融政策、开放政策、区域政策等维度，综合研究并提出国家宏观调控科技创新发展的政策工具，更好地满足高质量发展对政府治理能力及治理体系现代化的新要求。

研究制定硬科技发展规划，应坚持目标导向、问题导向和需求导向，坚持政府引导与发挥市场在资源配置中的决定性作用相结合，以"支持硬科技研发—畅通硬科技转化—培育硬科技企业—做强硬科技产业"四位一体为主线，推动完善和促进形成有利于硬科技发展的科技体制机制及项目重点布局，进一步聚焦关键核心技术创新，找准硬科技发展的定位和目标。此外，还建议支持各专业化机构加快建设科技战略智库，培养一批既懂宏观战略，又在微观层面了解技术研发和产业创新的专业人才，汇集形成由科学家、战略专家、企业家、政府管理人员等构成的科技战略决策支撑网络，切实提高我国独立前瞻和研判科技及产业发展方向的专业化能力。

从经济形态上，更加突出硬科技对培育和发展高新技术产业的源头供给和支撑作用；从社会形态上，更加突出硬科技对社会发展和民生进步的带动作用；从区域布局上，选择对部分科技资源丰富、创新主体集聚、产业发展质量较高的创新型发达地区和国家高新区进行引导和部署，加快打造硬科技发展的先行区和新高地。

2. 以标准引领培育硬科技企业

硬科技企业是指在重点产业链上掌握了关键核心技术、研发能力突出、市场竞争力强、主要产品（服务）对产业链具有关键支撑作用和重要影响力的科技型企业。结合科创板支持硬科技企业上市的功能定位，研究制定硬科技企业的具体评价标准，用于管理部门、社会机构对硬科技企业的遴选和评价，科创板及其他企业的评价工作亦可将其作为参考。

根据硬科技企业评价标准，适时建立硬科技企业信息备案系统，适时监测硬科技企业发展动态。评价标准采用定性、定量相结合的评价方式对硬科技企业进行客观描述，须能体现出企业在技术研发领域、技术创新能力、技术及产品竞争力、产业关键支撑作用、企业经营管理等方面的领先性和代表性。评价标准应具有一定的通用性，充分考虑不同产业、不同区域以及不同规模企业的实际情况，同时应具有可操作性，计量和统计口径一致，统计数据来源合法合规，便于获取和开展评价。

除此之外，在制定好相应硬科技企业评价标准之后，应综合运用财政、税收、土地、金融、人才等各方面的政策，探索与硬科技企业相关的突破性优惠。比如，可以进一步完善面向硬科技企业的税收政策，在过往针对高企的优惠政策基础上，借鉴国家在集成电路领域施行的税收优惠政策，设计有突破性的创新政策支持。同时，在财政支持上加强对硬科技企业的照顾，可考虑设立硬科技企业研发专项，直接资助初创期硬科技企业的技术研发活动，提高硬科技企业的创新能力和市场竞争力；可进一步深化国家科技计划（专项、基金等）管理改革，鼓励硬科技企业承担产业关键共性技术研发项目。总之，应支持领军硬科技企业建立创新服务平台，开放产业链供应链资源，创建和提供硬科技技术应用的新场景，促进大中小企业融通创新发展。

3. 营造集合式硬科技应用场景

"场景"原本是影视用语，如今被用到技术创新领域，指新技术催生的新生产、新生活模式，如无人工厂、无人零售、智慧交通等。与土地、政策、资金等促进技术产业化发展的传统方式相比，场景能够提供需求、提供客户、提供数据、验证产品、改进体验、迭代商业模式，在工业生产及衣、食、住、行、游、购、医、娱等生活服务行业创造巨大的技术应用空间。

　　硬科技的发展离不开新场景的创建，新的场景有利于更直观、更贴切地了解硬科技产品的特点和先进之处，也是检验硬科技产品实用性的科学方式之一，使得硬科技产品的生产者、销售者、消费者和政策制定者对硬科技下一步发展的基本方向有更清晰的认识。新场景集合了技术创新所需的市场需求、行业准入、验证条件、政策环境等关键要素，越来越成为技术创新所依赖的稀缺资源。搭建新产业的需求场景，能逆向拉动产业创新发展，特别是在当前的数字和智能经济时代，场景带动新产业的爆发效应更加显著。一方面，场景内真实的试验环境能够给技术创新带来行业知识、真实的客户需求和大规模的验证数据，促使新技术更快地成熟和找准应用方向，提高技术创新的成功率。另一方面，不断涌现的新场景为人类的衣、食、住、行等带来了良好的新体验，创造了广阔的市场，硬科技企业可以依托新技术打造出能够提升用户体验、生活品质与生产效率的新产品、新服务。目前，科技管理部门对场景的理解和认识程度有待加深，应积极支持大企业和政府各部门创建和开放新的应用场景，为硬科技创新提供广阔的发展空间。

4. 推进硬科技产业集群式发展

　　深入研究硬科技发展的区域布局，分析我国京津冀、粤港澳大湾区、长三角、成渝双城经济圈等战略区域在发展硬科技方面的相对优势及不足，充分发挥国家高新区的创新能力优势和产业资源优势，围绕芯片、高精度传感器、5G 通信、高端数控设备、创新药物等硬科技领域，按照国家战略与地方需求相结合、政府引导与市场主导相结合、科技创新与产业发展相结合、自主培育与扩大开放相结合的原则，重点布局建设一批具有自主创新能力和全球竞争力的硬科技产业集群。综合运用财政、税收、土地、金融、贸易以及科技项目、基地、人才、评价等政策，协同支持硬科技产业集群载体建设、主体培育、科技创新和人才培养与引进。

围绕硬科技产业集群、产业发展需求，科学规划空间布局，探索实行差别化产业项目用地供地模式。充分落实当地产业用地政策，深入推进用地再开发，鼓励以业态调整、"腾笼换鸟"等方式，优化用地结构、盘活存量和闲置土地，用于硬科技产业集群发展。面向集群产业链关键核心技术需求，建设一批新型研发机构，鼓励集群领军企业牵头组织产业重大技术研发和行业标准制定，鼓励集群企业采取多种形式与高校、科研院所合作建立研发中心、设计中心和工程技术中心，着力提升集群产业创新能力和产业链现代化水平。探索建立股份制战略技术合作机构，推动全产业链上不同环节的技术优势单位强强联合、交互持股，打造技术创新合作网络和利益共同体。

发挥企业技术创新主体作用，推动创新要素向企业集聚，促进产学研深度融合，加快科技成果转移转化。支持企业牵头组建创新联合体，推动产业链上中下游、大中小企业融通创新。支持硬科技产业集群产业链各组成部分建立积极参与、知识分享、利益共享的产业技术联盟，形成定位清晰、优势互补、分工明确的协同创新机制，有效提高和降低联盟成员在技术研发、市场开拓、配套供给等过程中的效率和成本。鼓励大学、研究机构、金融机构和中介服务机构积极参与产业技术联盟建设，促进联盟进一步发挥整合各类优质创新资源的优势。

5. 强化硬科技与金融协同发展

硬科技创新全周期历程有 3 个阶段：科研、转化和产业化发展。每个阶段都需要专门的金融催化。建议通过政府引导、社会出资的方式设立硬科技投资基金，专注于长期、稳定地支持硬科技创新项目，提高投资基金对项目失败的容忍度，推动硬科技投资基金与社会上创投资金的错位发展。推动科创板增强支持硬科技企业上市的功能定位，优先服务硬科技企业上市融资。完善多元化融资体系，支持硬科技企业通过股权交易、依法发行股票和债券等方式进行直接融资。鼓励银行等金融机构对硬科技企业开展知识产权、股权、应收账款、商标专利权等质押贷款以及信用贷款等业务，加大对硬科技企业的贷款支持。鼓励政策性金融机构采取相关措施加大对硬科技企业科技成果转化的金融支持。鼓励保险机构开发符合硬科技创新的保险品种，为硬科技企业发展提供保险服务。

目前的政策对应的科技成果转化资金仍然很难进入专业能力要求高、风险相对较大、期限相对较长的早期科创领域，当前我国最缺的是把金融和科技创新融合得很好的国家长期资本平台。从国家政策性银行发展的实践看，完全有可能在早期科创领域建立融资主力军。例如，在国家层面设立以政策性银行为主导的国家科技创新发展基金，结合科研院所、高校、产业龙头等合作形成逐级放大的推广效应，并与商业性金融机构投贷联动，从而提高科技创新前端的资金供给规模，以实现整体科技成果转化生态的优化。基金以市场化方式运作，既不要国家贴息，也不要地方政府担保，可在 3 个方面做特殊安排：一是期限足够长，建议 12 年以上，最好为 15～20 年；二是不要算单个项目的账，而是算整个资产包的大账；三是建立投贷联动的风险奖励与补偿资金池，在基准收益下返还银行，而超额收益可按比例用于参与联动的社会资本风险补偿、奖励业绩优秀的子基金管理人和母基金管理团队。

6. 设立硬科技"揭榜挂帅"专项制度

完善科技创新体制机制的重点在于分类推进重大任务的研发管理，实行"揭榜挂帅"等制度，开展项目经费使用"包干制"和基于信任的顶尖科学家负责制等试点。强化国家使命导向，加快科研院所改革，扩大科研自主权。要抓战略、抓规划、抓政策、抓服务，强化科技宏观统筹，改革完善科研项目和经费管理，加快政府职能转变。

具体来说，以解决重点产业的关键技术需求为目标、以竞争悬赏为手段，联合硬科技领军企业，每年共同选择若干事关我国当前产业链供应链安全稳定与竞争力提升的重大技术需求，通过互联网平台公开"发榜"，对"揭榜者"不设"条条框框"，一切"以能力说话、以结果说话"。面向国内外各类创新主体公开招募项目经理人及解决方案，通过以赛代评、硬科技领军企业评价等方式择优确定"揭榜"团队并予以悬赏资助，由项目团队按期交付相关技术产品或解决方案，并以硬科技领军企业的实际应用效果及评价作为主要考核指标，加快提升我国产业基础高级化、产业链现代化水平。

专项的项目管理机制采用项目经理负责制，对项目经理充分授权，由其根据项目实际需求灵活配置资源，简化对项目过程的行政管理。专项的项目验收机制采取应用结果导向，以提出技术需求的行业领军企业的实际应用成效作为考核标准，对完成任务目标、切实解决问题的"挂帅"团队通过奖励、采购、推广等方式予以继续支持，宽容对待失败。

调研中，有硬科技领军企业反映我国的科研活动与产业发展存在脱节，企业即使参与了重大科技计划项目，但在项目实施中的话语权较小，导致研发活动与产业需求不能精准对接，研发成果最终未能成功应用于企业产品改进。建议加快改革，完善重大科研项目的项目实施管理机制，由参与项目实施的用户企业作为项目总负责人，确保项目内的一切科研活动对用户企业负责，切实提高科研活动的攻关效率，推动科研项目紧密服务于企业创新和产业发展。

7. 提升硬科技创新和转化能力

聚焦和加强硬科技研发。加大硬科技创新平台建设，围绕芯片、量子、生命科学等硬科技领域，加快组建国家实验室、大科学装置、技术创新中心等硬科技创新条件平台，重组国家重点实验室体系，旨在增强硬科技创新的基础研究能力、提升面向硬科技创新的技术供给质量和效率。集合精锐力量，作出战略性安排，加快关键核心技术攻关，为保障产业链供应链的安全稳定提供有力支撑。瞄准若干前沿领域，实施一批具有前瞻性、战略性的国家重大科技项目。推动科研立项机制改革，切实聚焦关系产业链安全稳定的硬科技技术，提高科研活动与产业发展的融合度。

畅通硬科技成果转化机制。认真落实《中共中央　国务院关于构建更加完善的要素市场化配置体制机制的意见》，积极探索以促进硬科技成果交易配置为重点的现代技术市场建设与运营模式，建立符合硬科技技术流通配置规律的评估、定价、交易模式及相关制度。探索通过天使投资、创业投资、知识产权证券化及专业化科技企业融资工具等方式促进硬科技技术与资本要素融合发展，加快硬科技成果资本化、产业化。充分发挥新型研发机构集"研发""转化""孵化"于一体的技术创新体制优势，积极吸引高校、科研院所的高端科研人才按照市场机制自由有序流动，面向产业需求进行产业技术研发，切实促进重大研究成果的产业化和产学研深度融合，加快孵化一批掌握核心技术的硬科技企业。

引导科研人才在硬科技领域集聚。围绕硬科技学科领域和创新方向完善战略科技人才、科技领军人才和创新团队培养发现机制，在硬科技攻关实践中培育锻炼人才，鼓励青年科技人才脱颖而出。鼓励高等院校结合国家未来科技发展方向布局硬科技学科建设，加大硬科技领域的人才培养力度。此外，还应构建国际化人才制度和科研环境，形成有国际竞争力的人才培养和引进制度体系。优化人才布局，构建完备的人才梯次结构。

健全人才培养和评价体系，创新激励和保障机制，构建充分体现知识、技术等创新要素价值的收益分配机制。探索建立具有需求导向的人才培养机制，针对硬科技发展需求，支持高校调整相关专业设置，深化与硬科技企业的合作，建设高层次科技人才培养基地。着力突破体制障碍，调动高校、科研院所及企业等各方的积极性，有效激发蕴藏在各类创新主体中的人才活力，鼓励科研人才在企业中创新创业创造。探索采取降低个人所得税、实施薪酬补贴等措施，让硬科技企业留得住顶尖硬科技人才，避免科研人才向金融、互联网等高利润行业流失。针对我国急缺的硬科技领域的科研人才，通过实施便利化"人才签证"，吸引国外高精尖人才。

8. 营造硬科技创新创业全生态

一个国家、一个地区的创新创业成效与其是否具备适宜创新创业的生态系统息息相关。科技创新创业生态系统是由科技创新创业机构、要素及其结构、运行机制和环境构成的统一整体。这其中就包括了技术、人才、资金等资源要素，以及高校、科研院所、企业等行为主体，同时还包含了这些要素和行为主体之间的运行机制，以及公平竞争的市场、营商、法制、政策和文化环境等。

要努力营造适宜硬科技发展的良好创新创业生态，着力完善政策制度环境，适应硬科技发展的规律和特点。加快推动科技创业服务机构的专业化发展，提供硬科技成果转化和硬科技企业孵化方面的专业服务，增强对硬科技创业的科技服务和创新支撑能力，促进硬科技资源的自由流通和有效配置。营造求真务实的作风和学风，引导和鼓励更多科研人员致力于硬科技发展。

要发挥硬科技企业技术创新的主体作用，推动创新要素向企业集聚，促进产学研深度融合，加快硬科技成果转移转化。培育一批创新型领军企业，培育壮大科技型中小微企业群体，支持企业牵头组建创新联合体，推动产业链上中下游、大中小企业融通创新。鼓励企业加大研发投入，加强创新基地和平台建设，积极支持企业承担国家重大科技任务，在政策引导、资源配置、激励保障、服务监管方面建立长效机制。同时应促进硬科技企业与资本市场深入对接，加强与资本市场、金融机构等开展合作，筛选和挖掘一批技术创新能力强、成长潜力大、掌握关键核心技术的硬科技企业，向科创板、创业板及创业投资机构等主动推荐，为硬科技发展创造良好的投融资环境，助力硬科技企业快速成长。加强在硬科技方面的开放合作，进一步拓宽和深化在硬科技领域的国际合作，与世界各国共享硬科技创新成果，深化硬科技企业和产业的互利合作。

此外还要积极完善制度环境。推进职务科技成果所有权改革试点，从根本上解决科技成果转化因"国资"属性而带来的体制机制障碍，进一步畅通和加大激励政策，有效激发高校、科研院所人员通过科技创业形式转化硬科技成果的积极性，提高科研人员创新创业活力，壮大硬科技创业群体规模，提升硬科技创业质量。

9．全面开展硬科技创新试点示范

充分发挥国家高新区科技创新先行先试政策优势，以国家高新区为基础，开展硬科技创新试点示范，夯实国家高新区的硬科技"策源地""聚集地"定位，优化完善硬科技创新的体制机制，集中力量推动硬科技攻关取得重要突破。坚持政府引导与发挥市场在资源配置中的决定性作用相结合，突出科技创新与体制机制创新"双轮驱动"。想要营造一流的硬科技发展环境，就要重点在科研项目管理机制创新、职务科技成果产权制度改革、新型研发机构培育、硬科技创新平台建设、产学研深度融合、硬科技企业培育、大中小企业融通、硬科技产业集群发展、硬科技资源共享、顶尖创新创业人才集聚、扩大开放合作、分配政策导向等方面研究制定突破性的改革举措和"硬招实招"，为硬科技创新发展提供良好的制度与政策保障。

开展硬科技创新试点示范的国家高新区要着力突破体制机制障碍，调动高校、科研院所及企业等各方的积极性，有效激发蕴藏在各类创新主体中的人才活力，探索建立多方共建、主动作为的硬科技创新示范区工作推进机制，推动硬科技创新示范区高质量发展。从组织领导、资金融通、多方共建等方面加强对硬科技创新示范区建设的支撑保障，综合运用土地、财政、税收、金融、贸易等多方面的政策，加大政府对硬科技创新产品的首购、订购力度，积极支持硬科技企业培育及产业发展。做好硬科技创新示范区的空间布局设计，围绕硬科技产业发展需求，探索实行差别化产业项目用地供地模式。试点示范的国家高新区要加强经验总结和推广，以点带面、梯次推进，充分发挥示范引领的带动作用。

硬科技

附 录 ◀

附录一　硬科技技术目录

纵观科技的发展，我们会发现人类在认识世界、改变世界的进程中，在基本物理定律的架构之下，由知识的不断积累造就了今天"摩天大厦"般的科技形态。

以历史的尺度和视野深入剖析人类社会的几次变革性突破，其背后都是少数关键领域和关键技术在起决定性作用。而今我们正处在人类迄今为止最大规模的科技革命和新一轮科技革命即将到来的历史性交汇期，需要站在国家的高度，以史为鉴，在补强第三次科技革命的关键领域与产品的同时，布局具有前瞻性的新时代核心技术，从而推动铸造伟大工程、造就伟大事业、实现伟大梦想。

当前，我国在一些领域知识积累不够，在一些关键领域，核心技术被"卡脖子"的问题频出，最具代表性的例子就是芯片的制造。基于此，科技部火炬中心、西科控股、中科创星、西安市中科硬科技创新研究院等单位从物理的最基本要素（物质、能量、信息、空间和生命）出发，以梳理关键核心"卡脖子"技术和布局下一代前沿技术为核心思想，以"关键领域、关键产品、关键环节、关键技术"为筛选逻辑，最终形成关系国家产业安全、经济安全以及其他各项安全的"硬科技树"（见图1），旨在为国家和区域部署发展提供指引。

要形成"硬科技树"，就要考虑硬科技的引领性、基石性、关键性、创新性等属性，甄选能够推动产业发生巨大变革、对经济发展具有重大支撑作用，甚至能够引爆下一次科技革命的少数关键技术。关键技术的选择主要参考国家发展改革委、财政部、商务部印发的各版《鼓励进口技术和产品目录》，以及《创新型产业集群建设工程实施方案》等的技术指引，并广泛调研征求各领域顶级专家、产业龙头、硬科技投资机构、硬科技头部企业的意见，最终在第一阶段形成了五大领域、包含 21 个关键产品的硬科技三级目录。但这并未覆盖所有硬科技技术领域，只是第一批分析调查的关键领域，后续还将对该技术目录进行不断的优化与扩展完善。

当下第一阶段的研究成果包括：3D 打印及原材料、机器人、高端数控机床、电池、芯片、光刻机、基础软件、工业软件、5G 基站和终端、智能光传感器、新型显示器件、高速光模块、高端能量激光器、自动驾驶汽车、火箭、卫星、大飞机、航空发动机、化学与生物创新药、医疗诊断与影像设备，以及先进治疗设备与器械。

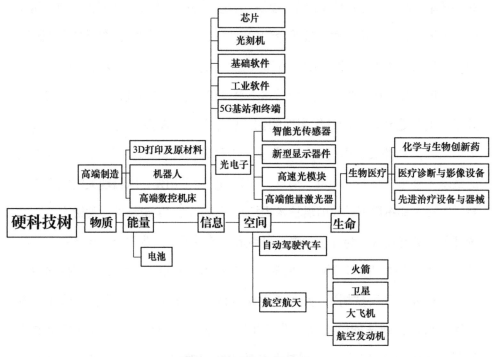

图 1 "硬科技树"示意

1. 3D 打印及原材料

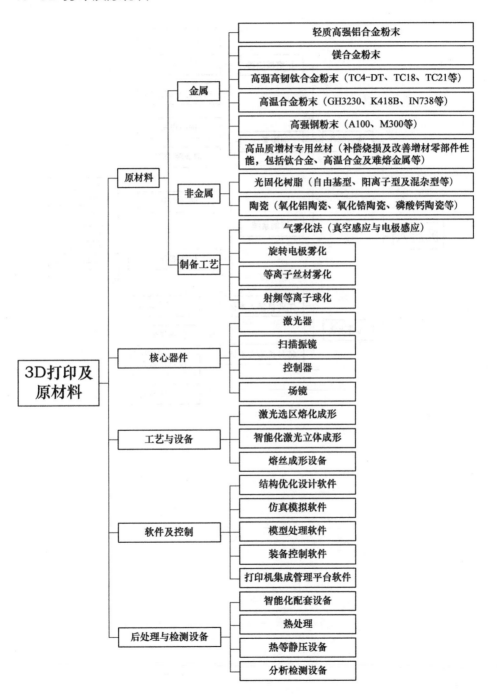

2. 机器人

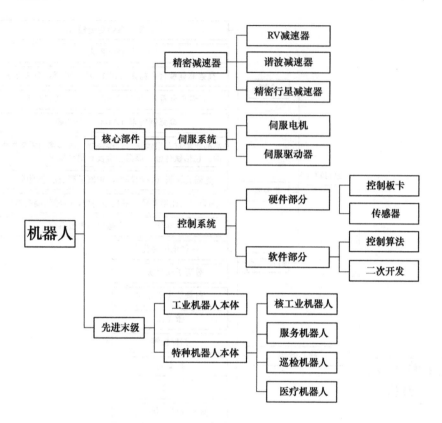

3. 高端数控机床

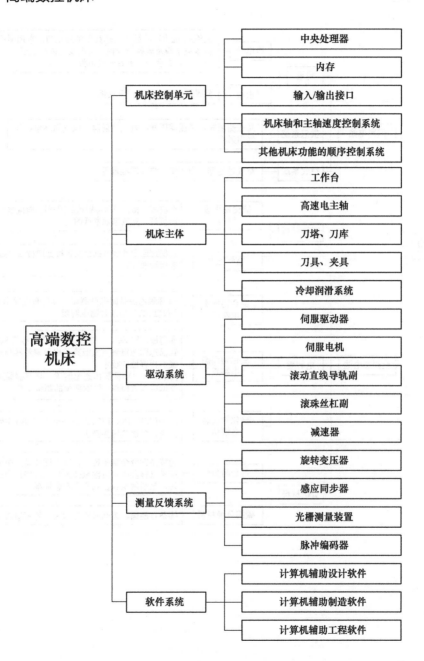

4. 电池

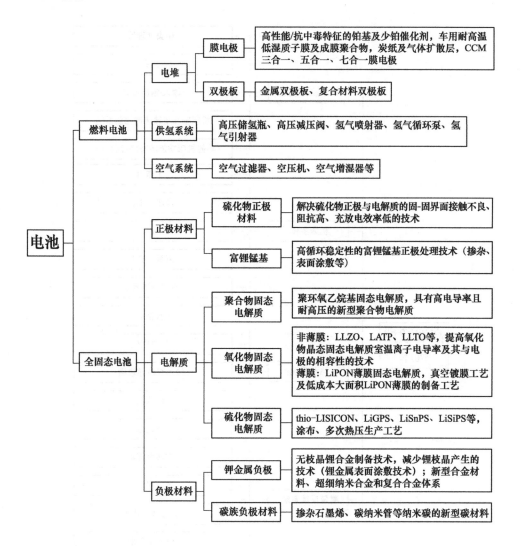

电池	燃料电池	电堆	膜电极	高性能/抗中毒特征的铂基及少铂催化剂，车用耐高温低湿质子膜及成膜聚合物，炭纸及气体扩散层，CCM 三合一、五合一、七合一膜电极

燃料电池

电堆

膜电极：高性能/抗中毒特征的铂基及少铂催化剂，车用耐高温低湿质子膜及成膜聚合物，炭纸及气体扩散层，CCM 三合一、五合一、七合一膜电极

双极板：金属双极板、复合材料双极板

供氢系统：高压储氢瓶、高压减压阀、氢气喷射器、氢气循环泵、氢气引射器

空气系统：空气过滤器、空压机、空气增湿器等

全固态电池

正极材料

硫化物正极材料：解决硫化物正极与电解质的固-固界面接触不良、阻抗高、充放电效率低的技术

富锂锰基：高循环稳定性的富锂锰基正极处理技术（掺杂、表面涂敷等）

电解质

聚合物固态电解质：聚环氧乙烷基固态电解质，具有高电导率且耐高压的新型聚合物电解质

氧化物固态电解质：非薄膜：LLZO、LATP、LLTO等，提高氧化物晶态固态电解质室温离子电导率及其与电极的相容性的技术
薄膜：LiPON薄膜固态电解质，真空镀膜工艺及低成本大面积LiPON薄膜的制备工艺

硫化物固态电解质：thio-LISICON、LiGPS、LiSnPS、LiSiPS等，涂布、多次热压生产工艺

负极材料

钾金属负极：无枝晶锂合金制备技术，减少锂枝晶产生的技术（锂金属表面涂敷技术）；新型合金材料、超细纳米合金和复合合金体系

碳族负极材料：掺杂石墨烯、碳纳米管等纳米碳的新型碳材料

5．芯片

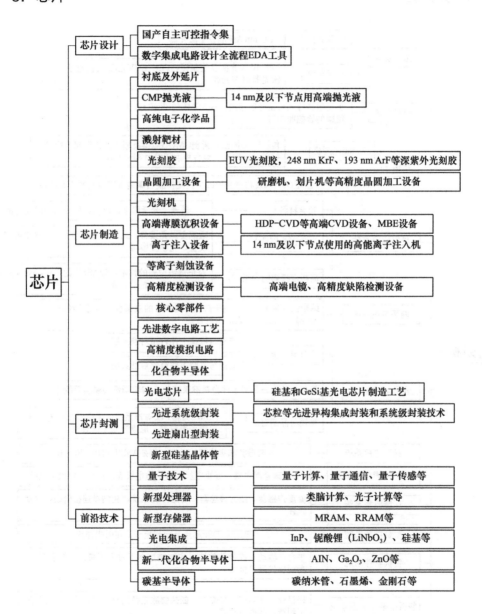

6. 光刻机

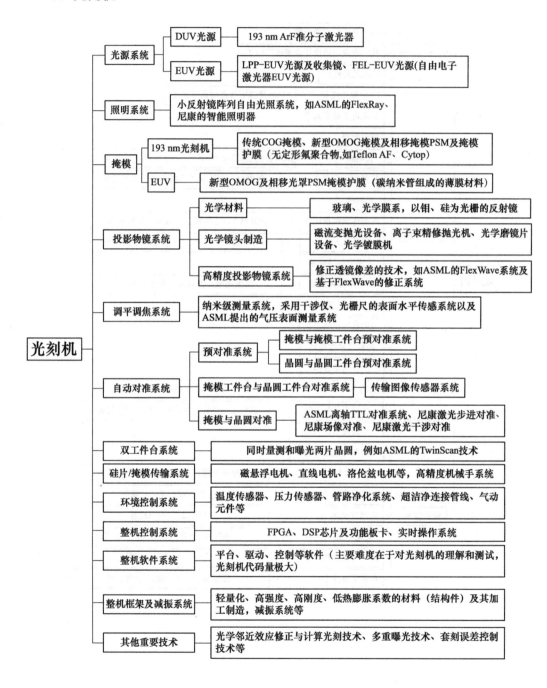

```
                                    ┌─ DUV光源 ──── 193 nm ArF准分子激光器
                      光源系统 ──────┤
                                    └─ EUV光源 ──── LPP-EUV光源及收集镜、FEL-EUV光源(自由电子
                                                    激光器EUV光源)

                      照明系统 ────── 小反射镜阵列自由光照系统，如ASML的FlexRay、
                                      尼康的智能照明器

                                    ┌─ 193 nm光刻机 ── 传统COG掩模、新型OMOG掩模及相移掩模PSM及掩模
                      掩模 ─────────┤                  护膜（无定形氟聚合物,如Teflon AF、Cytop）
                                    └─ EUV ────────── 新型OMOG及相移光罩PSM掩模护膜（碳纳米管组成的薄膜材料）

                                    ┌─ 光学材料 ────── 玻璃、光学膜系，以钼、硅为光栅的反射镜
                      投影物镜系统 ──┤─ 光学镜头制造 ── 磁流变抛光设备、离子束精修抛光机、光学磨镜片
                                    │                  设备、光学镀膜机
                                    └─ 高精度投影物镜系统 ── 修正透镜像差的技术，如ASML的FlexWave系统及
                                                            基于FlexWave的修正系统

                      调平调焦系统 ── 纳米级测量系统，采用干涉仪、光栅尺的表面水平传感系统以及
                                      ASML提出的气压表面测量系统

  光刻机 ────────────┤              ┌─ 预对准系统 ──┬── 掩模与掩模工件台预对准系统
                                    │                └── 晶圆与晶圆工件台预对准系统
                      自动对准系统 ──┼─ 掩模工件台与晶圆工件台对准系统 ── 传输图像传感器系统
                                    └─ 掩模与晶圆对准 ── ASML离轴TTL对准系统、尼康激光步进对准、
                                                        尼康场像对准、尼康激光干涉对准

                      双工件台系统 ── 同时量测和曝光两片晶圆，例如ASML的TwinScan技术
                      硅片/掩模传输系统 ── 磁悬浮电机、直线电机、洛伦兹电机等，高精度机械手系统
                      环境控制系统 ── 温度传感器、压力传感器、管路净化系统、超洁净连接管线、气动
                                      元件等
                      整机控制系统 ── FPGA、DSP芯片及功能板卡、实时操作系统
                      整机软件系统 ── 平台、驱动、控制等软件（主要难度在于对光刻机的理解和测试,
                                      光刻机代码量极大）
                      整机框架及减振系统 ── 轻量化、高强度、高刚度、低热膨胀系数的材料（结构件）及其加
                                            工制造，减振系统等
                      其他重要技术 ── 光学邻近效应修正与计算光刻技术、多重曝光技术、套刻误差控制
                                      技术等
```

7. 基础软件

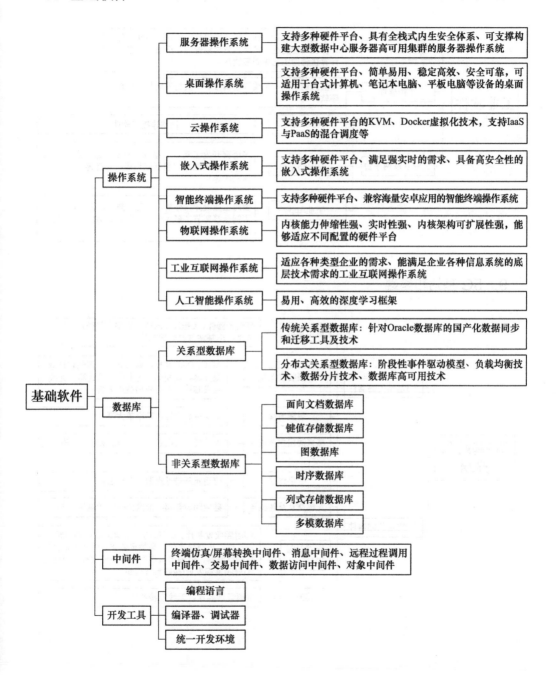

基础软件

- 操作系统
  - 服务器操作系统 —— 支持多种硬件平台、具有全栈式内生安全体系、可支撑构建大型数据中心服务器高可用集群的服务器操作系统
  - 桌面操作系统 —— 支持多种硬件平台、简单易用、稳定高效、安全可靠，可适用于台式计算机、笔记本电脑、平板电脑等设备的桌面操作系统
  - 云操作系统 —— 支持多种硬件平台的KVM、Docker虚拟化技术，支持IaaS与PaaS的混合调度等
  - 嵌入式操作系统 —— 支持多种硬件平台、满足强实时的需求、具备高安全性的嵌入式操作系统
  - 智能终端操作系统 —— 支持多种硬件平台、兼容海量安卓应用的智能终端操作系统
  - 物联网操作系统 —— 内核能力伸缩性强、实时性强、内核架构可扩展性强，能够适应不同配置的硬件平台
  - 工业互联网操作系统 —— 适应各种类型企业的需求、能满足企业各种信息系统的底层技术需求的工业互联网操作系统
  - 人工智能操作系统 —— 易用、高效的深度学习框架
- 数据库
  - 关系型数据库
    - 传统关系型数据库：针对Oracle数据库的国产化数据同步和迁移工具及技术
    - 分布式关系型数据库：阶段性事件驱动模型、负载均衡技术、数据分片技术、数据库高可用技术
  - 非关系型数据库
    - 面向文档数据库
    - 键值存储数据库
    - 图数据库
    - 时序数据库
    - 列式存储数据库
    - 多模数据库
- 中间件 —— 终端仿真/屏幕转换中间件、消息中间件、远程过程调用中间件、交易中间件、数据访问中间件、对象中间件
- 开发工具
  - 编程语言
  - 编译器、调试器
  - 统一开发环境

8. 工业软件

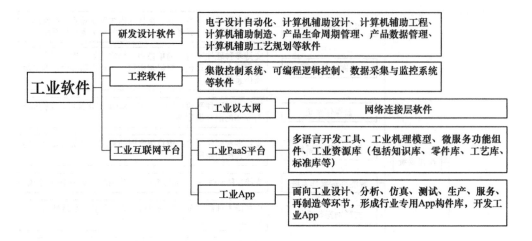

9. 5G 基站和终端

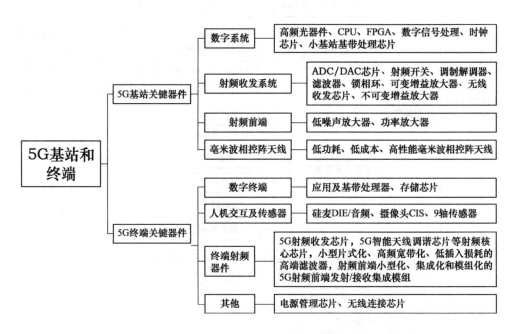

10. 智能光传感器

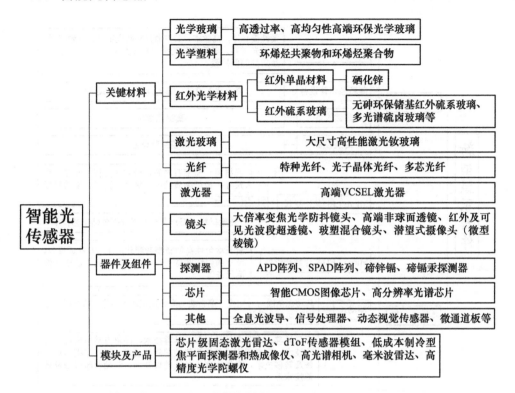

11．新型显示器件

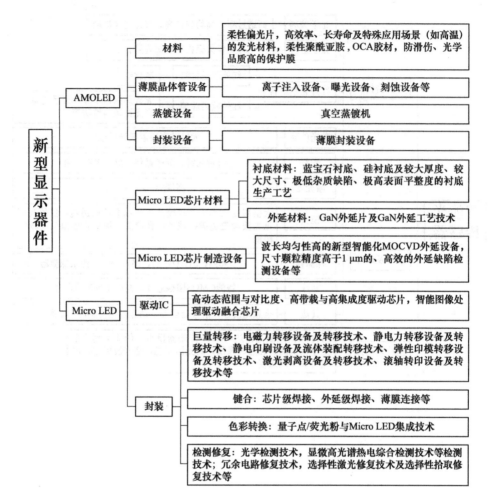

12. 高速光模块

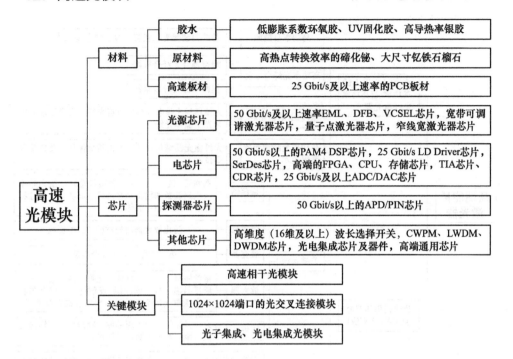

13. 高端能量激光器

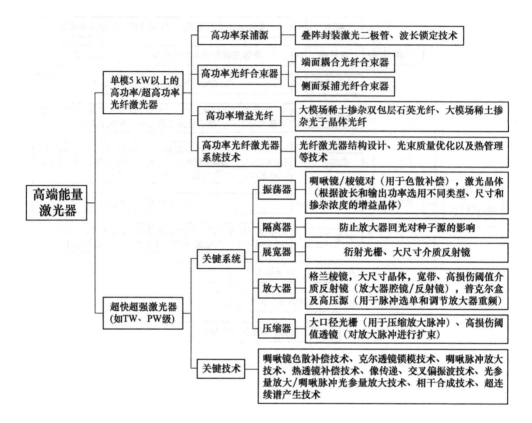

14．自动驾驶汽车

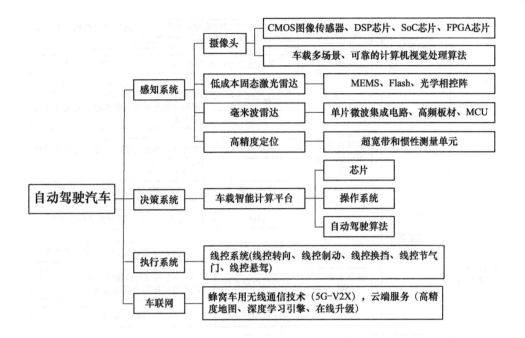

15. 火箭

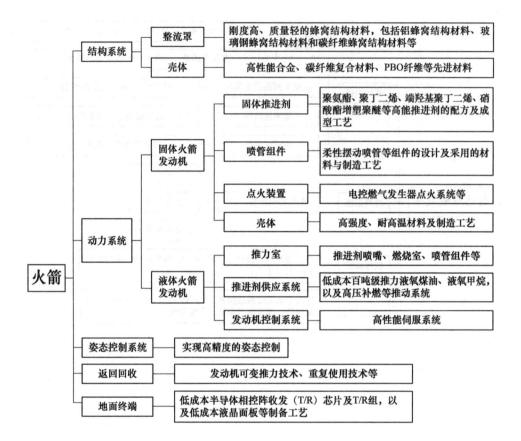

16．卫星

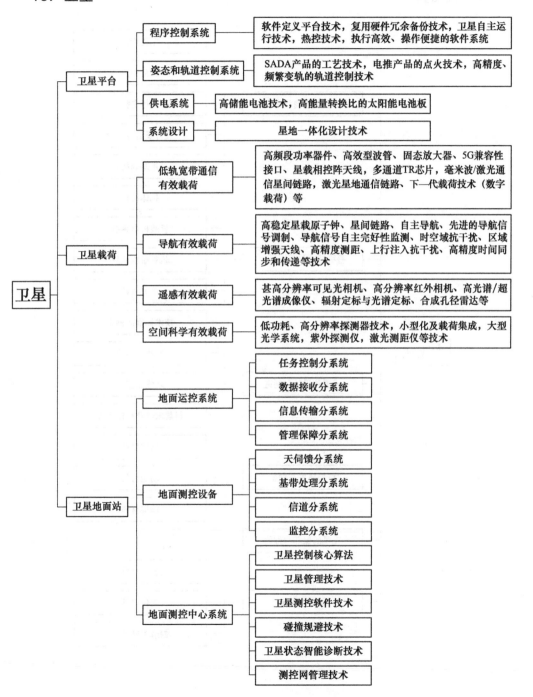

17．大飞机

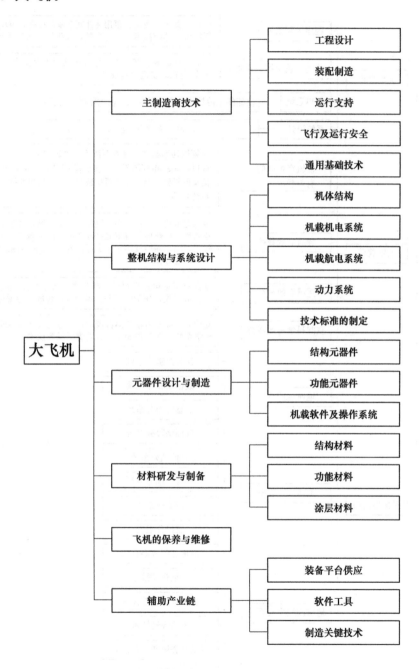

18. 航空发动机

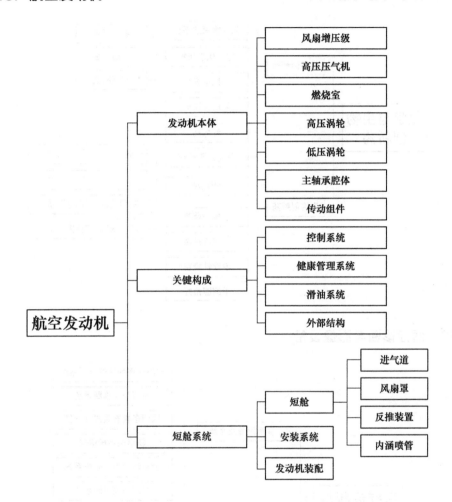

19. 化学与生物创新药

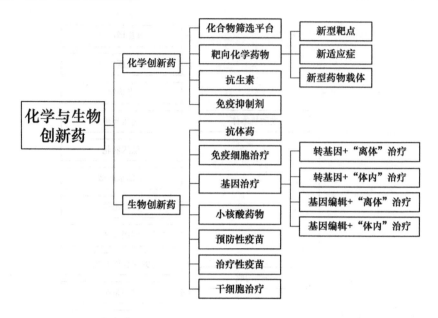

20. 医疗诊断与影像设备

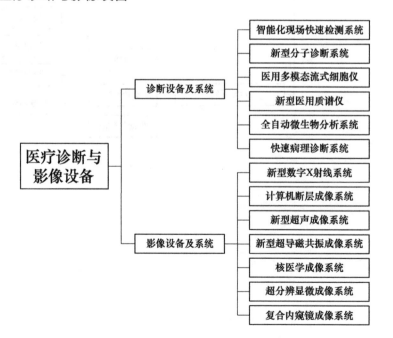

21．先进治疗设备与器械

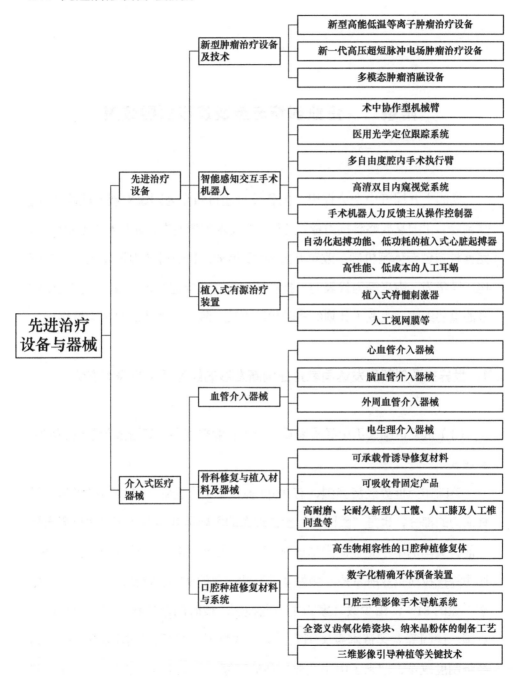

附录二 企业创新态势及现行主要政策

党的十九届五中全会提出，把科技自立自强作为国家发展的战略支撑，强调要强化国家战略科技力量，提升企业技术创新能力，激发人才创新活力，完善科技创新体制机制。改革开放 40 多年来，我国科技力量发生了深刻变化，以华为、中兴等为代表的一批科技领军企业快速崛起，成为国家创新体系的重要组成，改变了计划经济时代以高校、院所为主体的科技力量格局。

1. 世界主要创新型发达国家企业创新发展的经验规律及最新态势

（1）从发达国家历史经验来看，中小企业登上创新舞台成就了创新型国家建设。

美国作为世界经济强国，有 2300 多万家中小企业，是美国经济体系最具活力的部分，也是"美国梦"价值理念的主要承载。但在第二次世界大战之前，美国的中小企业尚未形成规模，美国经济和产业被洛克菲勒、摩根、通用等托拉斯企业所掌控，例如全美石油产业的 95%、钢铁产业的 66%、化学工业的 81% 都由少数几家霸主企业控制。彼时的全球科技创新中心还在英国、德国等老牌资本主义国家。第二次世界大战后，美国实行了一系列经济制度改革，迎来了中小企业发展的高潮，到 1947 年美国中小企业达到

806 万家，1985 年达到 1500 万家，2000 年超过了 2300 万家，占全美企业总数的 98% 左右，提供了全美一半以上的就业岗位和 90% 以上的新增就业岗位。中小企业登上历史舞台，深刻改变了美国的创新力量格局，推动美国逐渐成为世界最主要的创新型国家。美国中小企业承接的政府科技项目占全美的 70% 左右，人均创新发明量是大企业的两倍。20 世纪的飞机、光纤设备、心脏起搏器、光学扫描器、个人计算机、操作系统等都是由美国中小企业所发明创造的。美国小企业管理局曾经分析了 20 世纪对世界有重大影响的 65 项创新成果，发现基本上都是先由个人完成和取得专利，然后创办小企业并最后发展成为大公司。中小企业不仅具有更强的创新活力，而且创新效率明显高于大企业，奠定了美国作为世界科技强国的创新基础。德国、日本、以色列等国家的企业及我国台湾地区的企业同样也是中小企业创新的典范。以德国为例，截至 2019 年，全国约有 370 万家企业，中小企业约占总数的 99%，贡献了 54% 的经济增加值，提供了 62% 的就业；其中有 1400 多家是在行业细分领域内具备全球竞争力、被誉为"隐形冠军"的中小企业，占全球"隐形冠军"企业总数的一半以上，推动德国企业长期占据全球产业价值链高端。

（2）从经济学角度来看，企业是科技创新活动最有效的组织者。

现代企业制度起源于 20 世纪初，100 多年来被证明是社会生产和创新活动最有效的组织形态。恩格斯指出，"社会上一旦有技术上的需要，这种需要就会比十所大学更能把科学推向前进"，这阐释了企业对科技进步的主动作用。美国经济学家科斯阐述，企业的本质是一种资源配置的机制，通过对技术、资本、土地等资源要素的优化配置来提高生产效率。熊彼特的创新理论和罗默的内生增长理论也指出，经济的真正动力阶层在于企业家，他们把新的思想、新的技术（知识），通过新的组织形式和新的制度投入市场，从而使经济得以发展。这里所指的企业家不是职业经理人或 CEO，而是像任正非、比尔·盖茨、埃隆·马斯克等那样真正具有企业家精神的开拓者，他们时刻在思考如何利用科技力量来提高企业创新效率，是最关注战略科技力量的群体，也是推动科技与经济结合的最大动力来源。从现实来看，世界各国战略科技力量普遍掌握在企业手中，这既是创新活动自身规律所致，也是国家发展所需。美国在军事、电子信息、生物医药等领域的战略科技力量，无不掌握在通用动力、波音、洛克希德·马丁、英特尔、高通、辉瑞、强生等一大批领军企业手中，占据了全球创新制高点，推动美国成为世界头号科技强国。纵观全球，不论是美国，还是日本、德国，这些科技强国都是依靠一批具有战略主导力量的企业崛起而实现了国家崛起。

（3）从全球竞争态势来看，科技企业将是大国竞争的核心较量。

在和平时代，大国之间的较量最终体现为企业之间的较量。过去几年来，一些西方国家针对中国的全面遏制战略加速落地，滥用国家安全理由，针对华为、中兴、海康威视等我国民族科技企业进行制裁打压，意图遏制我国科技发展，使我们深刻感受到提高企业的战略科技力量和技术创新能力是应对全球严峻复杂形势的当务之急。比如，拜登政府更加重视本国的科技创新。2020 年 10 月《自然》杂志调查显示，高达 85% 的科学家支持拜登当选美国总统，而支持特朗普的仅有 8%。美国新一届政府在科技政策方面采取更加积极有为的措施。民主党主张美国联邦政府在包括航空航天、人工智能、先进材料、生物技术、清洁能源和清洁汽车等科技研发领域进行"历史性投资"。拜登总统在其竞选时就宣布，未来 4 年内要对突破性技术进行 3000 亿美元研发投入，其中包括：一是大幅增加联邦政府研发支出，重点资助包括美国国家卫生研究院、美国国家科学基金会、美国能源部、美国国防部高级研究项目局及其他符合条件的科研院所等；二是支持中小企业将尖端技术商业化，推动设立小企业创新研究（Small Business Innovation Research，SBIR）计划的升级版——美国种子基金，着力促进中小企业技术创新；三是实施"新的突破性技术研发计划"，重点投资提升美国竞争力的关键技术，包括 5G、人工智能、先进材料、生物技术、新能源汽车。综合来看，拜登政府可能会在投入更多精力、财力支持本国企业提升基础创新能力的同时，继续对我国科技企业特别是领军企业实施技术管控。但在生命健康、绿色技术等全球问题应对方面，中美企业间可能会有较大的创新合作空间。

（4）从创新型发达国家政策共性来看，直接支持中小企业技术研发是联邦（中央）政府的普遍做法。

针对中小企业的竞争前技术研发活动，欧美及日本等发达国家普遍采取小额直接无偿资助的方式进行支持，弥补企业创新"死亡之谷"阶段的市场失灵，对培育和扶持科技型中小企业起到至关重要的作用，政策特点可以概括为"政府预算、无偿资助、专注中小、聚焦研发"。美国 SBIR 计划从1982 年起实施以来，近 40 年来持续稳定地直接支持中小企业的技术研发活动，单笔资助金额不超过 100 万美元，2017 年共资助了 5900 多家中小企业，资助总金额达 25 亿美元。日本借鉴美国的经验，从 1999 年起也实施了日本的 SBIR 计划。德国中小企业核心创新计划 2017 年共支持了约 2000 家德国中小企业，资助总金额达 5.48 亿欧元。加拿大产业研究支持计划 2018 年共直接无偿资助约 4900 家中小企业的技术研发活动，资助总金额达 7 亿加元。除对中小企业竞争前研发活动的直接支持外，美国、日本、以色列等创新型发达国家还普遍采取了设立种子基金、风险投资基金、贷款担保、风险补偿等专门服务于中小企业的科技金融政策。以贷款补偿为例，日本设立了国家中小企业保险公库，专门为中小企业贷款资金提供保险。美国小企业管理局对不能按时偿还贷款的中小企业，按照 50% ～ 90% 的比例予以替代偿还。

（5）从创新型发达国家新举措来看，各国正在加快研究和构建适应新形势、新规律的新型创新组织。

进入21世纪，技术创新范式正在发生深刻变化，传统"基础研究—应用研究—产品开发"的线性"三段论"模式正在被实践打破，基础研究、应用研究、产业化之间的界限越来越模糊，科学、技术与产业正在加快融合发展。习近平总书记高度关注全球创新态势，2021年3月在《求是》杂志上发表文章《努力成为世界主要科学中心和创新高地》，强调要疏通应用基础研究和产业化连接的快车道。世界主要创新型发达国家主动适应新一轮科技革命和产业变革的新规律、新范式，正积极推动构建产学研深度融合、支撑未来产业发展的技术创新组织。奥巴马政府从2012年起，启动了国家制造业创新中心建设，由美国联邦政府和社会资金共同资助，推动企业、大学及行业学会组织等建立创新共同体，提升美国的产业创新水平。2021年1月，美国总统科技顾问委员会提出建设"未来产业研究院"，建议聚焦若干未来重点产业领域，构建集企业、大学、非政府组织等于一体，涵盖从基础研究到产业化的敏锐灵活的新型科研组织，解决美国联邦实验室与产业界有效互动不足、对经济发展贡献力逐年减弱的现实问题。英国政府从2010年起聚焦近海可再生能源、高价值制造、卫星应用、精准医疗等领域，陆续布局和建设了11个国家级创新中心（又称弹射中心），借鉴德国弗劳恩霍夫应用研究促进协会的经验，采用"政府支持＋企业运作"和"3/3/3"收入机制运行。2019年11家弹射中心研发投入超过10亿英镑，与2260家学术机构、1.24万家企业开展了技术合作，全年为4389家中小企业提供了研发服务和技术转让。近年来，我国新型研发机构应势蓬勃发展。据科技部火炬中心调查，截至2020年6月全国新型研发机构有2069家，为企业创新和产业发展提供了重要的技术供给来源。

2．改革开放以来，我国推动企业创新发展的历史经验

2016 年 5 月，在"科技三会"上，习近平总书记明确指出，企业是科技和经济紧密结合的重要力量，应该成为技术创新决策、研发投入、科研组织、成果转化的主体。回顾改革开放以来我国经济发展取得的瞩目成绩，广大企业作出了极其重要的贡献。40 多年来，我国科技企业从无到有、从小到大实现了历史性跨越，走出了一条中国特色的科技企业培育和创新发展道路，正逐步崛起并成为科技创新的主力军，初步具备了参与国家战略科技力量建设的创新能力。从全国科技投入来看，2019 年，企业研发经费占全国总额的 76.4%，是科技投入的绝对主体；从全国技术合同成交额来看，企业 2019 年技术合同成交额占全国总额的 91.5%，是技术输出的绝对主体。近年来，也正是我国一些领军科技企业的崛起改变了我国与国外的科技力量对比，扩大了我国的竞争优势。从全国各地实践来看，实现经济高增长的地区都呈现出一个规律，就是凡是企业强的，地方经济发展就一定强；凡是企业不强的，地方经济发展就没有活力。总结分析我国企业创新发展的宝贵经验，对新时期强化战略科技力量具有重大现实意义。

（1）党中央牢固确立了社会主义市场经济体制。

社会主义市场经济体制是马克思主义中国化的一个光辉典范，是我们党的一次重大理论创新，也是中国特色社会主义道路探索中的一个伟大创举。从邓小平同志 1979 年提出"社会主义也可以搞市场经济"，到 1982 年党的十二大正式提出计划经济为主、市场调节为辅，到 1992 年党的十四大报告中正式提出"建立社会主义市场经济体制"，再到党的十八大强调"毫不动摇鼓励、支持、引导非公有制经济发展"，党中央牢固确立了社会主义市场经济体制的基本经济制度，从根本上激发出人民群众创新创造的热情和活

力，推动形成了三次大规模的创业浪潮。第一波是 20 世纪 80 年代乡镇企业和民营企业异军突起；第二波是 20 世纪 90 年代体制内人员"下海"经商的热潮；第三波就是党的十八大以后形成的大众创业、万众创新的新浪潮。三次创业浪潮推动我国的营商环境得到空前改善，创新创业理念深入人心，创新创业蔚然成风，各类企业主体井喷式增长，从根本上支撑了我国经济持续数十年的高速增长，创造了发展中国家经济发展的瞩目奇迹。

（2）科技体制改革推动了科研人员投身科技创业。

1985 年，《中共中央关于科学技术体制改革的决定》的发布，形成了科技体制改革的基本思路和框架，改革的核心是实现科技与经济的有机结合，推动科技成果产业化。在运行机制方面，改革拨款制度，开拓技术市场，运用经济杠杆和市场调节，使科研机构具有自我发展的能力和主动为经济建设服务的活力；在主体结构方面，加强企业的技术开发能力和成果转化能力，促进科研机构、高等学校、企业之间的协同；在人事制度方面，破除制约科技人才自由流动和智力劳动报酬的体制障碍。在科技体制改革的引领下，从 20 世纪 90 年代起，一大批科研人员从高校、院所"下海"，投身科技创业，联想、方正等我国第一批科技企业主体的诞生，正式拉开了我国科技创业的序幕。1992 年，国家科委提出"稳住一头，放开一片"，推动上百家行业科研院所转制为企业，形成了我国第一批社会化的研发机构，为企业创新提供了服务和支撑。党的十八大以来，科技体制改革持续向纵深推进，在激励科研人员创新创业、职务科技成果赋权改革等方面迈出了空前步伐，为科技创业和科技企业注入了创新发展的动力与活力。

（3）参与国际产业分工为我国企业创新提供了后发优势。

从 20 世纪后半叶来看，主动加入全球产业分工和产业梯度转移是发展中国家（地区）实现工业化的不二路径，日本及亚洲"四小龙"等都是通过承接全球产业分工快速实现工业化、成功迈入发达国家（地区）行列的。改革开放以来，特别是加入 WTO 以后，随着发达国家将劳动、资本密集型产业和部分低附加值技术密集型产业向发展中国家进行转移，刚刚打开国门且拥有巨大劳动力市场的中国恰好抓住了这一难得的历史机遇，积极参与国际产业分工，主动承接发达国家产业转移，为国内企业的创新发展提供了全球资源、全球市场，形成了后发优势。特别是随着进出口经营权对所有民营企业完全放开，从事进出口业务的企业数量出现了井喷式增长。2000 年，全国从事进出口经营合作的企业不到 1 万家，2007 年，已经扩大到 12 万多家。国内企业借助全球产业分工，及时有效地利用了国外的先进技术、资本和市场资源以及人类社会发展的最新成果，把握住了全球产业分工的巨大红利，快速提升了我国的工业基础和产业能力，为我国现代产业体系和实体经济的发展奠定了坚实基础。

（4）国家层面制定出台了支持企业创新发展的系统性政策。

党中央、国务院长期高度重视企业创新发展，特别是中小企业技术创新，在 1988 年批准启动了"火炬计划"，以此推动科技企业培育和高新技术产业化发展。"火炬计划"实施以来，充分借鉴美国等创新型发达国家经验，陆续实施了以高新技术企业所得税优惠、企业技术交易税收减免、科技型中小企业创新基金、科技企业孵化器和国家高新区建设等为代表的一系列企业创新政策工具和工作举措，形成了国家层面支持企业创新的政策框架，引导培育了 40 多万家科技型中小企业和高新技术企业群体，成为我国经济发展和国力提升的重要支撑。特别是在亚洲金融危机后，经国务院批准，从 1999 年到 2014 年，我国曾设立和实施科技型中小企业技术创新基金，15 年间共直接无偿资助了 4 万多家中小企业的技术研发活动，创造了一大批先进技术成果和科技创新产品，培育出一大批高成长性科技企业进入资本市场，占现在创业板上市公司的 26%，中小板上市公司的 15%，时至今日被广大中小企业称赞为"雪中送炭""排忧解难"的好政策，为我国科技企业培育和成长作出了历史性贡献。党的十八大以来，在党中央、国务院的推动部署下，国家发展改革委、财政部、科技部、工信部、税务总局、银监会、证监会等相关部门紧密协作，从破除壁垒、放宽准入、促进融资、支持研发、培育产业、支持人才、开拓市场、公共服务等多方面着手，建立了较为全面的企业创新政策体系。广大企业在习近平新时代中国特色社会主义思想的指引和国家政策的支持下，牢固树立创新、协调、绿色、开放、共享的发展新理念，坚持以供给侧结构性改革为主线，把创新驱动摆在企业发展的核心位置，发展实力显著增强，创新能力持续提升，带动我国产业结构不断优化、经济发展质量不断提升。

（5）地方政府把支持中小企业创新作为促进经济发展的主要抓手。

改革开放以来，特别是党的十八大提出实施创新驱动发展战略以来，地方政府将创新摆在工作全局的核心位置，普遍把支持中小企业创新作为促进经济发展的主要抓手，在中央政策的引导下，大力支持和鼓励企业走创新发展之路。全国各地经济发展的实践充分表明，"凡是中小企业发展得好，地区经济发展就会好；凡是中小企业发展得不好，地区经济发展就好不了"。横向对比来看，民营企业和中小企业的创新意愿和创新活力更强，根据《2019 年度欧盟产业研发投入记分牌》，2018 年我国企业研发投入前 10名的企业中，前 8 名均是民营企业。在长三角、珠三角等沿海经济发达地区，地方政府长期坚持"放水养鱼"的理念，非常重视发挥企业家作用，充分"让利"给企业家，注重保护民营企业产权及企业家合法利益，在营商环境、要素分配、税收激励、创新资助、产学研协同等方面制定了一系列支持政策，极大地激发出中小企业依靠创新驱动发展的坚定信心和长期活力，为区域经济发展注入了不竭的创新动力，并从中成长出一批领军型科技企业，为区域经济发展和国家战略安全提供了重要支撑和保障。

3. 我国企业创新现行主要政策

（1）企业研发费用加计扣除政策。

企业研发费用加计扣除政策于 1996 年启动实施，是我国支持企业技术创新的一项重要普惠性政策。近年来，研发费用加计扣除政策不断完善，主要体现在适用行业、具体扣除费用和加计扣除比例方面，研发费用的归集和核算管理不断简化，审核程序不断减少。2017 年 4 月 19 日，国务院常务会议研究决定，2017 年 1 月 1 日—2019 年 12 月 31 日，将科技型中小企业开发新技术、新产品、新工艺实际发生的研发费用加计扣除比例由 50% 提高至 75%。2018 年国务院发布《关于推动创新创业高质量发展打造"双创"升级版的意见》，决定将企业研发费用加计扣除比例提高至 75% 的政策由科技型中小企业扩大至所有企业。财政部、税务总局、科技部 2018 年 6 月下发通知，企业委托境外进行研发活动发生的研究开发费用也可以在税前进行扣除，这进一步加大了对企业技术研发的政策激励。但 75% 的加计扣除比例政策普惠推广后，目前针对科技型中小企业技术创新的精准引导政策处于空白，亟待进一步提高科技型中小企业研发加计扣除比例。广东省在全面执行国家研发费用税前加计扣除 75% 政策的基础上，鼓励有条件的地级以上市对评价入库的科技型中小企业按 25% 研发费用税前加计扣除标准给予奖补，使加计扣除比例实质上提高到 100%，起到很好的政策成效和示范作用。

（2）高新技术企业所得税减免政策。

自 1991 年国家启动实施高新技术企业政策，特别是 2008 年科技部、财政部和税务总局三部门联合在全国推广实施高新技术企业税收优惠以来，高新技术企业政策在鼓励企业加大研发投入、培育和壮大高新技术企业群体、加快高新技术产业发展等方面发挥了极其重要的引导作用。截至 2019 年底，全国高新技术企业已达到 22.5 万家，2018 年实现营业收入 38.9 万亿元，同比增长 22.3%。高新技术企业总资产达到 56.8 万亿元，占全国规模以上工业企业资产总额的 50.1%；净利润总额为 2.61 万亿元，占全国规模以上工业企业利润总额的 39.5%。2018 年全国高新技术企业的研发总投入为 1.08 万亿元，占全国企业研发投入总额的 71.2%。高新技术企业平均研发强度达到 3%，高出规模以上工业企业 2 个百分点。2018 年全国高新技术企业共上缴税费 1.8 万亿元，当年减免所得税 1900 亿元，形成了"研发投入—效益提高—税收减免—加大研发投入"的良性循环。高新技术企业政策是目前我国推动和引导企业开展技术创新，提升企业市场竞争力的最重要、最有成效的科技创新政策之一，但在高新技术领域的范围界定方面还有待进一步完善，需加快将一些传统产业领域（如农业、食品、化工等）中的高新技术纳入国家重点支持的高新技术领域目录。

（3）科技企业孵化器税收减免政策。

2018 年 11 月，财政部、税务总局、科技部、教育部联合印发了《关于科技企业孵化器 大学科技园和众创空间税收政策的通知》（财税〔2018〕120 号），将国家级科技企业孵化器和大学科技园享受的免征房产税、增值税等优惠政策范围扩大至省级科技企业孵化器、大学科技园和国家备案众创空间。自 2019 年 1 月 1 日新政策执行以来，至 2020 年年中已有 1366 家孵化器、大学科技园和众创空间通过了税收优惠审核，较之前每年享受税收的 370 余家增长了近 1000 家，政策覆盖面扩大了 360%。但目前按照《中华人民共和国税收征收管理法》的相关规定，大多数创业孵化机构由于不是房产、土地的所有者，因此无法享受房产税和土地使用税减免政策；此外，开具增值税专用发票的创业孵化机构也无法享受增值税减免政策。建议针对创业孵化机构的实际情况，进一步研究和完善创业孵化机构享受房产税、土地使用税和增值税优惠政策的有关具体规定。

（4）技术交易税收减免政策。

技术交易税收减免政策是财政部、税务总局共同实施的一项重要的技术创新激励政策，具体分为两项优惠政策。一是针对居民企业技术转让、技术开发这两类技术交易免征增值税（原营业税），但卖方必须开具增值税普通发票；二是针对居民企业年度技术转让所得不超过 500 万元的部分免征企业所得税，超过 500 万元的部分减半征收企业所得税。增值税减免政策目前遇到的主要问题是，部分技术研发与服务企业因技术买方强势要求而不得不开具增值税专用发票（用于买方的下游抵扣），从而被迫放弃享受增值税免税政策。技术转让所得税减免政策目前遇到的问题是，现行政策将技术转让（许可）的标的限定在专利技术、计算机软件著作权、集成电路布图设计权、植物新品种、生物医药新品种等 5 类知识产权方面，技术秘密及其他知识产权的转让享受不到该政策。而现实技术交易中，大量的技术转让标的是技术秘密及其他形式的知识产权。建议尽快研究解决技术开发、技术转让开具增值税专用发票不能免税的问题，进一步放宽技术转让所得税减免政策所要求的知识产权标的范围。

（5）首台（套）重大技术装备示范应用采购政策。

2018 年 4 月，国家发展改革委、科技部、工信部等 8 个单位共同印发了《关于促进首台（套）重大技术装备示范应用的意见》（以下简称《意见》），提出构建有利于首台（套）重大技术装备（以下简称首台套）示范应用的政策体系，明确招投标等相关法律法规要求，建立有利于首台套示范应用的保障机制。根据《意见》，相关部门及各级政府需不断加大政府采购等支持力度，健全优先使用创新产品的政府采购政策，对首台套等创新产品采用首购、订购等方式采购，促进首台套产品研发和示范应用。各地方政府针对首台套的示范应用纷纷制定了细化政策，通过扩大首购、订购、首台套、中小企业采购价格优惠等方式，支持中小企业开拓新技术、新产品的应用市场。例如北京市加大新技术新产品（服务）采购力度，要求负有预算编制职责的部门，要预留本部门年度政府采购项目预算总额的 30% 以上专门面向中小企业采购，且预留给小型和微型企业的比例不低于面向中小企业采购总额的 60%。上海市发布上海市创新产品推荐目录作为政府采购、企事业单位采购、资金资助，以及投融资机构投资决策等参考，对推荐目录中首次投放市场的产品可实施政府首购。济南市鼓励大中型企业与小微企业组成联合体共同参加政府采购，小微企业占联合体份额达到 30% 以上的，可给予联合体 2% ～ 3% 的价格扣除。

（6）投贷联动试点政策。

投贷联动是银行等金融机构为企业提供风险型债权与股权融资相结合的金融服务模式。2016 年 4 月，中国银监会、科技部、中国人民银行联合印发了《关于支持银行业金融机构加大创新力度　开展科创企业投贷联动试点的指导意见》（银监发〔2016〕14 号），明确了将 5 个地区和 10 家银行作为试点，启动开展了我国商业银行投贷联动业务试点。2016 年 11 月，全国首个投贷联动试点项目落地北京中关村，国家开发银行北京分行向北京仁创生态环保科技股份公司发放贷款 3000 万元，国家开发银行投资平台"国开科创"的 3000 万元投资同时到位，支持该企业在"海绵城市"、科技环保领域进行研发。截至 2020 年，从 3 年多的实践来看，我国商业银行投贷联动业务在试点过程中存在申请批复不够及时、银行缺乏风险容忍度、配套政策不健全、风险补偿机制不完善、投贷联动业务人才紧缺、商业营利性不足等问题，亟待加快研究解决。

（7）科技计划项目支持科技型中小企业进行技术研发。

2019年，科技部印发《关于新时期支持科技型中小企业加快创新发展的若干政策措施》，提出加大财政资金支持力度。通过国家科技计划加大对中小企业科技创新的支持力度，调整完善科技计划立项、任务部署和组织管理方式，对中小企业的研发活动给予直接支持。鼓励各级地方政府设立支持科技型中小企业技术研发活动的专项资金。但目前相关工作尚未正式启动，从国家和地方现行科技计划项目的实施情况来看，中小企业的参与程度不高、获得的支持不多。以国家科技计划为例，目前共分以下几类：国家自然科学基金的支持对象主要为高校、科研院所人员，国家科技重大专项和国家重点研发计划的主要承担主体为高校、科研院所及大型企业，技术创新引导专项（基金）主要以创投引导基金的方式支持科技成果转化和以财政转移支付方式支持地方完善创新环境，基地和人才专项主要支持科技创新基地建设和创新人才工作。国家科技计划体系对中小企业的参与并没有限制，但受限于各项计划的功能定位和条件要求，中小企业实际上很难参与。对2017年国家重点研发计划的实施情况进行统计分析可知，量大面广的中小企业获得的资金支持仅占资金总额的5.3%，其他科技计划中的参与比例更低，亟待优化国家科技计划体系布局，加强对中小企业技术研发的项目支持力度。

（8）技术创新引导专项的现行实施情况。

根据《关于深化中央财政科技计划（专项、基金等）管理改革的方案》（国发〔2014〕64号）统一部署，2014年，科技部、财政部等按照分类整合技术创新引导专项（基金）的要求，对涉及技术创新的12个科技计划（专项、基金）采取撤、并、转等方式进行优化整合，形成了以国家科技成果转化引导基金、中央引导地方科技发展资金、国家中小企业发展专项资金、国家新兴产业创业投资引导基金为具体内容的技术创新引导专项（基金），具体实施情况如下。

科技成果转化引导基金创投引导基金

国家科技成果转化引导基金目前主要以创投引导基金的形式实施，用于支持转化利用财政资金形成的科技成果。2015 年基金启动实施以来，分 4 批共认缴出资 75.47 亿元，设立了 21 只子基金，总规模达 313 亿元。截至 2019 年 8 月，子基金累计投资企业 260 家，投资总额为 146.19 亿元，转化 544 项中央和地方财政资金支持形成的科技成果，涵盖电子信息、生物医药、新材料等全部国家重点支持的高新技术领域和战略性新兴产业。子基金实现了财政资金的循环使用，目前已从 10 个已投项目中成功退出，并获得收入 2.1 亿元。在子基金的示范带动下，全国已有 17 个省市设立了省级科技成果转化基金和创业投资引导基金，总规模约 1400 亿元。

中央引导地方科技发展资金

专项资金采取因素法进行分配和管理，主要依据专项资金绩效评价和地方落实中央科技创新部署情况评价的量化结果。专项资金主要支持以下 4 个方面：一是地方科研基础条件和能力建设，二是地方专业性技术创新平台，三是地方科技创新创业服务机构，四是地方科技创新项目示范。2016—2018 年，专项资金共出资 39.77 亿元，覆盖了各省、自治区、直辖市、计划单列市及新疆生产建设兵团，共支持了 560 多家科研机构，购置了近 2000 台仪器，支持了 860 多个地方专业性技术创新平台和近 1100 个地方科技创新创业服务机构，资助了 900 多个地方科技创新示范项目。

国家中小企业发展专项资金

2015 年 7 月，财政部发布了《中小企业发展专项资金管理暂行办法》（财建〔2015〕458号），定位该专项资金主要用于优化中小企业发展环境、引导地方扶持中小企业发展及民族贸易、少数民族特需商品定点生产企业发展。2017—2019年，财政部分别下发国家中小企业发展专项资金约13亿元、69亿元、70亿元，主要用于小微企业融资担保降费奖补资金、小微企业创业创新基地城市示范奖补资金、打造特色载体推动中小企业创新创业升级补助资金以及"创客中国"中小企业创新创业大赛奖补资金等方面。其中，小微企业创业创新基地城市示范工作经历2015—2017年的3年示范已经结束；打造了特色载体推动中小企业创新创业升级工作，亟待提出更加稳定有效的政策引导工具。

国家新兴产业创业投资引导基金

2015年1月，国务院常务会议决定设立国家新兴产业创业投资引导基金，将中央财政战略性新兴产业发展专项资金、中央基建投资资金等合并使用，盘活存量，发挥政府资金杠杆作用，吸引有实力的企业、大型金融机构等社会、民间资本参与，形成总规模400亿元的新兴产业创投引导基金。同年8月，国务院批复《国家新兴产业创业投资引导基金设立方案》，国家发展和改革委员会、财政部通过政府采购的方式确定基金管理公司，分别注册成立了中金启元、国投创合、盈富泰克3只母基金，认缴资金分别为395亿元、189亿元和92亿元。引导基金遵循着落实国家战略、依靠市场运作、财政资金引导等三大原则，侧重于提升新兴产业整体发展水平和核心竞争力，主要作用于产业发展阶段。

附录三 计量方法

对硬科技进行定量研究，主要目的是探索衡量硬科技的内涵和外延、发展变化趋势，掌握引领产业发展的硬科技技术发展、技术主题演化。

1. 研究目的

通过本研究，我们一方面可拓展硬科技研究领域，创新研究方法。现有硬科技相关的研究文献主要以定性研究为主，以定量测度视角进行研究的文献非常罕见，本研究试图应用技术经济学、计量经济学、计算机科学、大数据分析等相关理论方法构建硬科技的计量研究模型，为硬科技研究拓展新的视角。另一方面，对硬科技进行定量研究，有利于推动完善我国技术创新体系和科技计划体系的布局，有利于引导地方政府和社会资本加大对硬科技发展、技术创新的支持，并对培育经济发展新动能提供有效的政策建议。

在了解专利背景知识的基础上，我们应深刻理解时间序列平稳性的概念，差分自回归移动平均模型 (Autoregressive Integrated Moving Average Model，ARIMA) 模型的建模思想，主题模型的起源、发展及应用。首先，对于 ARIMA 模型的相关理论，需了解观察自相关、偏自相关系数及其图形的规则和使用方法，熟悉如何利用最小二乘法以及信息准则来建立适合的

ARIMA 模型，如何利用模型进行预测。其次，对主题模型的相关知识进行充分解析，明确主题模型的基本原理及理论发展过程，进一步阐释狄利克雷分布的基本理论及应用。最后对本研究的意义和作用做总结。

2.　研究框架

我国经济处于由高速增长阶段向高质量发展阶段转变的关键期，产业转型升级任务艰巨。硬科技能够推动产业变革，为产业转型升级和高精尖产业培育注入源源不断的新动能，确保我国掌握产业链的核心环节、占据价值链的高端地位，实现国家产业转型升级和高质量发展。

硬科技是具有高门槛、难以被复制和模仿的高精尖技术，专注于核心技术和原创技术，引领产业发展。本研究发现硬科技能够实现引领高端产业发展、占据价值链高端地位的根本在于硬科技的"产业化"特性。由于我国制造业的主营业务收入一直以来占据第二产业整体水平的 90% 左右，高精尖技术领域主要集中于制造业行业，因此设定本研究的研究范围是制造业行业中硬科技的发展布局、基本特征、技术演化等。

本研究应用计量经济学中重要的时间序列模型——ARIMA 模型对硬科技专利的时序信息进行重要数据信息节点的抓取，以及对时序发展趋势进行模型预测，并通过案例来对提出的研究方法进行验证。本研究提出的硬科技专利数据时序分析方法是一种有效预测技术时序发展趋势的方法，不仅能够有效地判断现有研究数据内的技术发展趋势，而且能够预判未来一段时间的技术发展态势，同时可以从数据信息节点的角度，更加准确地抓取重要的技术发展时期。

此外，本研究提出了面向硬科技专利应用信息的语义主题发现和分析的方法。通过建立 LDA 主题模型，运用 Python 语言中的 gensim 库对专利应用信息进行技术主题挖掘。这一挖掘过程包含目标专利标题及应用信息获取、专利应用文本清洗（包括去除停用词、特殊字符等）、LDA 主题挖掘过程中的参数设定等步骤。然后，通过案例分析对本研究提出的硬科技专利文本信息挖掘方法的有效性和适用性进行验证。

（1）硬科技专利数据时序分析方法研究。

研究设计

我们通过对现有相关文献的研究发现，使用专家经验、技术生长曲线、全要素生产率等方法对专利技术进行预测分别存在主观因素影响、曲线饱和值及拟合情况、指标体系的合理性等方面的限制，很难准确地捕捉专利发展动态变化、清晰地表示专利技术发展趋势。因而，在专利技术发展趋势存在模糊性的情况下，将无法达到将专利主题分析的结果与时序分析结果进行融合的目的。为了更好地实现将硬科技专利细分主题映射到研究区间中，需应用更加有效的定量方法来研究专利技术发展趋势各个阶段的特征和变化。本部分重点研究 3 个方面的内容：首先，对在 Web of Science 数据平台中的德温特创新索引数据库中检索得到的硬科技专利数据进行时序信息抓取研究，这部分内容将 Python 语言中的 Pandas 模块作为技术手段，抓取专利文本中的时序信息，读取专利号序列值；其次，应用 ARIMA 模型对硬科技专利的时序信息进行重要数据节点的抓取，这部分内容涉及数据的平稳性检验、模型的识别与定阶、参数估计、适应性检验等模型研究的要点；最后，通过硬科技案例分析对本研究提出的专利数据时序分析方法进行验证。

案例分析

数据来源介绍如下。

3D 打印属于国际前沿技术，属于硬科技范畴，以此领域作为案例分析素材，对 3D 产业的发展具有战略性意义。数据来自德温特创新索引数据库，采用主题词检索方法，选取工业电气工设备（德温特分类代码为 X25）3D 打印领域的专利全文本信息作为文本实验数据集，检索日期为 1986 年 1 月 1 日—2016 年 12 月 31 日。选择检索的开始时间为 1986 年，是因为这一年全球第一台选择性激光烧结设备诞生，标志着 3D 打印技术时代的到来。

初步研究结果如下。

通过以上提出的对重要数据信息节点进行抓取的方法，建立 ARIMA 模型，对 1986—2025 年全球范围内工业电气设备领域的 3D 打印技术专利进行描述和预测，得到了该领域内的技术预测图（见图 1），从图中可以获取以下信息。

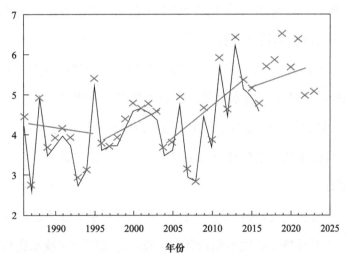

注：图中的黑色曲线表示实际变化情况，×表示预测情况，二者共同表示拟合情况；灰色斜线则表示预测点数据对应的均值变化趋势段。

图 1　实际序列与预测序列拟合

● 整体分析。在整体研究期间（1986—2025 年），全球范围内 3D 打印技术在工业电气工设备领域的专利申请活动呈明显上升趋势。在样本内期间（1986—2016 年）出现一定程度减少、平稳增长、显著增长等发展趋势；在样本外期间（2017—2025 年）出现平稳增长的发展趋势。

- 分段分析。1986—1994 年，专利申请量整体呈现减少趋势，其间伴随剧烈波动现象，其中出现明显上升的转折点，说明这期间与 3D 打印相关的技术出现成长的重要节点。1995—2004 年，专利申请量呈现出平稳上升的趋势，这期间的专利申请量与其他时期相比变化波动较为平稳，说明这段时期可能没有出现技术断层现象，技术发展有可能集中于技术发展期间的技术应用、技术改进等活动。2005—2015 年，是整个研究期间增长波动最大的阶段，2015 年的专利申请量与 2005 年的专利申请量差距非常明显，这期间可能存在明显的技术进步，技术出现了较大突破。2015—2025 年，这期间专利申请量整体呈现上升趋势，伴随偶尔下降的现象，说明 3D 打印领域内的某些技术可能存在技术瓶颈，或者在产业化阶段存在隐患，导致相关的技术专利申请量出现暂时下降的趋势。

（2）硬科技专利应用信息语义主题发现及分析方法研究。

研究设计

专利应用信息主要包括主题、摘要、应用和优势的描述性内容。这些文本内容描述了硬科技专利技术创新要点、技术适用范围和技术优势等表征技术核心的内容。因为这些专利信息中含有技术核心优势、技术成果转化应用领域及核心竞争力等有关硬科技专利应用的信息，挖掘这些应用信息，对了解硬科技技术转化应用情况及把握未来技术应用方向有重要意义。本部分基于"主题"概念提出了面向硬科技专利应用信息的语义主题发现及分析方法，研究框架结构主要包括目标专利标题及应用信息获取、专利文本清洗、基于 LDA 主题模型的主题挖掘，在建立 LDA 主题模型的过程中，对涉及专利应用信息进行抓取、分割、清洗，并基于 LDA 建模的参数设定、主题挖掘、主题分布、主题重要性进行判定。

案例分析

数据来源介绍如下。

本部分使用的数据与时序分析一致，均为 1986 年 1 月 1 日—2018 年 12 月 31 日期间，德温特创新索引数据库工业电气工设备领域 3D 打印技术的专利文本信息。基于各类 3D 打印相关产业报告中提及的检索词以及现有 3D 打印研究文献，经过不断地对比与测试，本研究最终采用的检索式为：TABD =（"3D print *" OR "three dimension * print *" OR "additive manufact*" OR "selective laser sinter*"（选择性激光烧结技术）OR "direct metal laser sinter *"（直接金属激光烧结技术）OR "fused deposit model*"（熔融层积技术）OR "stereolithograph *"（立体光成形技术）OR "digital light process*"（数字光处理技术）OR "fused filament fabricat *"（熔丝制造技术）OR "melted and extrusion model *"（熔融挤压成形模式）OR "laminated object * manufact*"（层压板制造）OR "electron* beam freeform fabricat*"（电子束自由成形制造）OR "selective heat sinter * "（选择性热烧结）OR "powder bed and inkjet head"（粉末床和喷墨头））。

初步研究结果如下。

由本部分提出的挖掘方法进行技术主题挖掘的结果可知，工业电气设备领域的 3D 打印技术主题主要可以归为三大类，分别是材料、工艺和设备（见表 1）。如 1986—1994 年、1995—2004 年，有关材料的技术主题是打印材料。2005—2015 年，有关材料的技术主题为合成物技术和合成树脂材料，这说明随着 3D 打印技术的实际应用，研发人员开始重视打印材料的完整性和特性，以及最终产品、填充料和回收循环材料的组织结构和性能。3D 打印生产零件的质量和行为受到加工过程中物理现象的影响，这种现象取决于制造路径，2005—2015 年以及 2016—2018 年包含的技术主题中的数字摄像头、仪器仪表、传感器等技术主题凸显了 3D 打印设备精度控制技术的发展。3D 打印工艺的发展取决于过程监控和闭环控制系统，2005—2015 年以及 2016—2018 年的温度控制技术、系统内部结构及散热、视图设计等技术主题是工业电气设备领域的 3D 打印技术的新兴主题，这些技术能够保证实时监测缺陷，并进行关联和及时修正，模拟和分析加工组织形态、残余应力、性能和表面质量，可加强 3D 打印产业的过程控制。

表 1　不同特征区间的若干个主题

特征区间	技术主题
1986—1994 年	打印装置、打印设备，编接设备，打印材料，冲压技术，控制元件、控制装置，模拟、模型，电子元件，模块、组件、模数，系统内部结构及散热
1995—2004 年	打印装置、打印设备，打印材料，冲压技术，点火器，照明与显示，新光源技术，小波变换，分层堆放、借助压条法，添加剂、添加物，制造产生的物质处理，影像技术，打印装置元器件
2005—2015 年	表面抛光，数字摄像头，信号技术，影像技术，打印装置元器件，合成物技术，合成树脂材料，仪器仪表，温度控制技术
2016—2018 年	打印装置、打印设备，系统内部结构及散热，仪器仪表，合成物技术，温度控制技术，视图设计，投影机，显示器，传感器，添加剂、添加物

附录四　硬科技发展影响因素调查问卷

尊敬的先生 / 女士：

您好！首先感谢您在百忙之中抽出时间参与此次问卷调查。本问卷中的硬科技是指事关国家战略安全和综合国力的重点产业链上的关键共性技术。

问卷填写采用无记名方式，需要 5 ～ 10 分钟，请您仔细阅读后进行回答。

第一部分　基本信息

■ 您所在单位的性质：A. 政府部门　B. 科研院所　C. 企业　D. 其他

■（如上一题选 A，则可跳过此题）

您工作单位所属技术领域类别：A. 电子信息　B. 生物与新医药　C. 航空航天　D. 新材料　E. 高技术服务　F. 新能源与节能　G. 资源与环境　H. 先进制造与自动化

■ 您的学历：A. 大专及以下　B. 本科　C. 硕士研究生　D. 博士研究生

■ 您在本行业的工作年限：A. 0～5 年　B. 6～10 年　C. 11～15 年 D. 16～20 年　E. 20 年以上

■ 您对硬科技的熟悉程度：A. 非常熟悉　B. 比较熟悉　C. 一般　D. 不太熟悉　E. 不熟悉

第二部分　硬科技发展影响因素评价

基础支撑方面	
科研设施（设备、材料等）对硬科技发展的影响	A. 非常大　B. 比较大　C. 一般　D. 比较小　E. 非常小
科研设施共享平台（中试平台等）对硬科技发展的影响	A. 非常大　B. 比较大　C. 一般　D. 比较小　E. 非常小
产学研等跨部门合作对硬科技发展的影响	A. 非常大　B. 比较大　C. 一般　D. 比较小　E. 非常小
国际交流合作对硬科技发展的影响	A. 非常大　B. 比较大　C. 一般　D. 比较小　E. 非常小
科研创新方面	
核心技术人员对硬科技发展的影响	A. 非常大　B. 比较大　C. 一般　D. 比较小　E. 非常小
核心技术人员为企业高管对硬科技发展的影响	A. 非常大　B. 比较大　C. 一般　D. 比较小　E. 非常小
研发人员占比应不低于	A. 0～10%　B. 11%～20%　C. 21%～30% D. 31%～40%　E. 41%～50%　F. 50% 及以上
增加基础研究投入对硬科技发展的影响	A. 非常大　B. 比较大　C. 一般　D. 比较小　E. 非常小
研发投入占营业收入的比例应不低于	A. 0～5%　B. 6%～10%　C. 11%～15% D. 16%～20%　E. 21%～25%　F. 25% 及以上
增加研发投入对硬科技发展的影响	A. 非常大　B. 比较大　C. 一般　D. 比较小　E. 非常小
科研产出（论文、专利、研究报告等）对硬科技发展的影响	A. 非常大　B. 比较大　C. 一般　D. 比较小　E. 非常小

产业发展方面					
领军企业对硬科技发展的影响	A. 非常大	B. 比较大	C. 一般	D. 比较小	E. 非常小
上下游产业链对硬科技发展的影响	A. 非常大	B. 比较大	C. 一般	D. 比较小	E. 非常小
稳定的政策环境对硬科技发展的影响	A. 非常大	B. 比较大	C. 一般	D. 比较小	E. 非常小
某些西方国家的技术封锁对硬科技发展的影响	A. 非常大	B. 比较大	C. 一般	D. 比较小	E. 非常小
政策制度方面					
人才政策对硬科技发展的影响	A. 非常大	B. 比较大	C. 一般	D. 比较小	E. 非常小
税收优惠政策对硬科技发展的影响	A. 非常大	B. 比较大	C. 一般	D. 比较小	E. 非常小
知识产权保护政策对硬科技发展的影响	A. 非常大	B. 比较大	C. 一般	D. 比较小	E. 非常小
专项基金对硬科技发展的影响	A. 非常大	B. 比较大	C. 一般	D. 比较小	E. 非常小
创新环境方面					
创新载体（孵化器、众创空间等）对硬科技发展的影响	A. 非常大	B. 比较大	C. 一般	D. 比较小	E. 非常小
技术经理人对硬科技发展的影响	A. 非常大	B. 比较大	C. 一般	D. 比较小	E. 非常小
金融机构（银行、证券公司、保险公司、信托投资公司和基金管理公司等）对硬科技发展的影响	A. 非常大	B. 比较大	C. 一般	D. 比较小	E. 非常小
企业在国家高新区发展对硬科技发展的影响	A. 非常大	B. 比较大	C. 一般	D. 比较小	E. 非常小
天使投资和风险投资对硬科技发展的影响	A. 非常大	B. 比较大	C. 一般	D. 比较小	E. 非常小
其　他					
工匠精神对硬科技发展的影响	A. 非常大	B. 比较大	C. 一般	D. 比较小	E. 非常小
企业家精神对硬科技发展的影响	A. 非常大	B. 比较大	C. 一般	D. 比较小	E. 非常小

第三部分　开放问答

1. 您认为目前我国亟待发展的硬科技产品包括下列哪些内容（可多选），您认为还应包括什么？

3D 打印及原材料、机器人、高端数控机床、电池、芯片、光刻机、基础软件、工业软件、5G 基站和终端、智能光传感器、新型显示器件、高速光模块、高端能量激光器、自动驾驶汽车、火箭、卫星、大飞机、航空发动机、化学与生物创新药、医疗诊断与影像设备，以及先进治疗设备与器械。

2. 您认为当前我国硬科技发展面临哪些问题和挑战？

3. 您对扶持硬科技发展有何意见和建议？

参考文献

[1] 中国科学院西安光学精密机械研究所，国务院发展研究中心国际技术经济研究
所，中国科学技术信息研究所，西安中科创星科技孵化器有限公司，西安中科
光机投资控股有限公司，北京知风云数据股份有限公司. 2019 中国硬科技发展
白皮书 [R/OL].(2019-10-30)[2021-01-01].

[2] 李国杰. 新时期呼唤新的科研模式——中国 70 年信息科技发展的回顾与思考 [J].
中国科学院院刊，2019(10): 1125-1129.

[3] 中共中央文献研究室. 习近平关于科技创新论述摘编 [M]. 北京：中央文献出版
社，2016.

[4] 米磊. 抓住硬科技机遇，中国就能重返世界之巅 [J]. 中外企业文化，2016(11):
51-54.

[5] 刘垠，史俊斌. 硬科技打造创新硬实力 [N]. 科技日报，2017-11-08(1).

[6] 布什. 科学：没有止境的前沿 [M]. 范岱年，译. 北京：商务印书馆，2004.

[7] 司托克斯. 基础科学与技术创新：巴斯德象限 [M]. 周春彦，等，译. 北京：科
学出版社，1999.

[8] 方兴东，杜磊. 中美科技竞争的未来趋势研究——全球科技创新驱动下的产业
优势转移、冲突与再平衡 [J]. 人民论坛·学术前沿，2020(12F): 46-59.

[9] 刘立，刘磊. 习近平科技创新重要论述的理论体系及政策实践 [J]. 高校马克思
主义理论研究，2019(1): 59-66.

[10] 王德禄. 硬科技创业是高新区三次创业的核心 [J]. 中关村，2019(6):68.

[11] 米磊. 陕西经济高质量发展需注入硬科技力量 [J]. 西部大开发，2018(21): 128-
129.

[12] 米磊. 硬科技让科创板肩负起国家使命 [N/OL]. 科技日报，(2019-12-02)
[2021-01-01].

［13］张守华. 基于巴斯德象限的我国科研机构技术创新模式研究［J］. 科技进步与对策，2017(20): 15-19.

［14］温河，苏宏宇. 走进巴斯德象限：中科院的论文发表与专利申请［J］. 中国软科学，2016(11): 32-43.

［15］钱学森. 论技术科学［J］. 科学通报，1957(2): 97-104.

［16］朱学彦，文武，张宓之，张仁开. 创新型经济促进供给侧结构性改革的动力机制研究［J］. 科技中国，2019(7): 18-23.

［17］仓基武. 硬科技及其成果转化生态模式研究［J］. 贵阳市委党校学报，2018(4): 27-36.

［18］朱承亮. 颠覆性技术创新与产业发展的互动机理——基于供给侧和需求侧的双重视角［J］. 内蒙古社会科学（汉文版），2020，41(1): 112-116.

［19］人民论坛网. 专家学者谈习近平科技创新思想［EB/OL].(2017-10-09)[2021-01-01].

［20］米磊. 打造更多硬科技企业［N］. 人民日报，2020-01-16(5).

［21］朱宝琛. 硬科技理念提出者米磊：硬科技是中国实现新一轮技术创新的关键［N］. 证券日报，2019-12-31(A3).

［22］米磊. "硬科技"创业的黄金时代［J］. 中国高新区，2016(13): 26-29.

［23］鲍萌萌，武建龙. 新兴产业颠覆性创新过程研究——基于创新生态系统视角［J］. 科技与管理，2019，21(1): 9-13.

［24］吴玉伟，施永川. 科技型小微企业"硬"科技创业动力要素与孵化模式研究［J］. 科学管理研究，2019，37(2): 70-73.

［25］斋藤优. 技术的生命周期［J］. 外国经济与管理，1983(4): 29.

［26］赵建军，郝栋，吴保来，卢艳玲. 中国高速铁路的创新机制及启示［J］. 工程研究——跨学科视野中的工程，2012，4(1): 57-69.

［27］米磊. 夯实"硬科技"墙基，引领西部追赶超越［J］. 中外企业文化，2016(11): 51-54.

［28］王飞. 硬科技创新推动经济高质量发展［J］. 中国经贸导刊，2018(1): 69-71.

［29］米磊. 硬科技挣的是慢钱，但走得更长远［J］. 商业文化，2018(16): 56-58.

［30］段异兵，袁志彬，杨辉. 硬科技对国家战略实施的积极作用［N］. 中国科学报，

2018-11-05(6).

[31] 李宏，惠仲阳，王文君.硬科技促进经济社会发展作用的分析 [N].中国科学报，2018-11-05(6).

[32] 杨斌，肖尤丹.国家科研机构硬科技成果转化模式研究 [J].科学学研究，2019(12): 2149-2156.

[33] 薛惠锋.防止技术突袭　排除技术陷阱　用科学理性统思维引领硬科技发展未来 [J].战略论坛，2019(11): 16-19.

[34] 周灵灵，孙长春.构建硬科技企业自主创新税收激励政策体系研究 [J].学习论坛，2020(3): 29-35.

[35] 吴玉伟，施永川.科技型小微企业"硬"科技创业动力要素与孵化模式研究 [J].科学管理研究，2019(1): 70-73.

[36] 张梅，刘坤.硬科技落地还需"软实力"[N/OL].陕西日报，(2019-12-23)[2021-01-01].

[37] 择远.科创板硬科技基因　助力培育伟大科技公司 [N].证券日报，2019-11-06(A3).

[38] 杨楠.硬科技创业企业的成长模式研究 [J].经济体制改革，2019(6): 129-134.

[39] The Engine，Pitchbook.2019 硬科技图景 [J].卫星与网络，2019(10): 72-73.

[40] 隆云滔.中国科学院硬科技成果转化的经验与启示 [J].改革与战略，2019(7): 44-50.

[41] 米磊.硬科技改变世界 [J].中国经贸导刊，2017(33): 81.

[42] 顾彦.硬科技:从跟踪向并跑进而领跑转变 [J].中国战略新兴产业，2018(1): 58-59.

[43] 薛惠锋.从更高起点谋划硬科技的未来 [J].网信军民融合，2019(11): 1.

[44] 杨凯.硬科技，创新创业的新动能 [J].华东科技，2019(6): 30-35.

[45] 戴伟民.以硬科技助推中国集成电路腾飞 [J].张江科技评论，2019(5): 42-44.

[46] 温河，苏宏宇.走进巴斯德象限:中科院的论文发表与专利申请 [J].中国软科学，2016(11): 32-43.

[47] 丁建洋，洪林.论日本大学科研定位的"巴斯德象限"取向 [J].复旦教育论坛，2010(5): 346-354.

［48］TSIEN H S. Engineering and engineering science[J]. J. Chin. Inst. Eng.，1948(6)：1-14.

［49］郑哲敏 . 学习钱学森先生技术科学思想的体会 [J]. 力学进展，2001 (4)：484-488.

［50］沈珠江 . 论技术科学与工程科学 [J]. 中国工程科学，2006 (3)：18-21.

［51］陈立新 . 基础科学与工程技术之间的桥梁——钱学森的技术科学思想 [J]. 科技管理研究，2012 (22)：255-258.

［52］陈悦，宋超，刘则渊 . 技术科学究竟是什么？[J]. 科学学研究，2020(1)：3-9.

［53］杨中楷，梁永霞，刘则渊 . 重视技术科学在科技创新供给侧改革中的作用 [J]. 中国科学院院刊，2020，35(5)：105-112.

［54］方力，任晓刚 . 为建设社会主义现代化强国提供有力支撑　完善科技创新体制机制 [N]. 人民日报，2020-02-06(9).

［55］北京市习近平新时代中国特色社会主义思想研究中心 . 加快建设和完善科技创新治理体系 [J]. 经济日报，2020-03-24.

［56］王昌林 . 着力营造良好的创新创业生态体系 [J]. 中国经贸导刊，2017(19)：13-15.

［57］National Research Council. U.S.-Japan Strategic Alliances in the Semiconductor Industry: Technology Transfer，Competition，and Public Policy[M]. Washington, DC: The National Academies Press，1992.

［58］LYNN，LEONARD. Japan's technology-import policies in the 1950s and 1960s: Did they increase industrial competitiveness?[J]. International Journal of Technology Management，1998，15(6-7)：556.

［59］MARK LAPEDUS. Battling Fab Cycle Times[J/OL]. Semiconductor Engineering. (2017-02-16)[2021-01-01].

［60］彼得里·劳尼艾宁 . 无线通信简史：从电磁波到 5G[M]. 北京：人民邮电出版社，2020.

［61］陈劲 . 全球科技创新的前沿分析及对策 [J]. 人民论坛 (学术前沿)，2019(24)：6-13.

［62］房汉廷 . 关于科技金融理论、实践与政策的思考 [J]. 中国科技论坛，2010(11)：5-23.

［63］程翔，房燕.担保理论与实务 [M].北京：北京邮电大学出版社，2014.

［64］李国杰.新时期呼唤新的科研模式 ——中国 70 年信息科技发展的回顾与思考 [J].中国科学院院刊，2019，34(10)：1125-1129.

［65］吴敬琏.制度重于技术 ——论发展我国高新技术产业 [J].中国科技产业，1999(10)：17-20.

［66］方兴东，杜磊.中美科技竞争的未来趋势研究——全球科技创新驱动下的产业优势转移、冲突与再平衡 [J].人民论坛 (学术前沿)，2019(24)：46-59.

［67］胡海鹏，袁永，康捷.德国主要科技创新战略政策研究及启示 [J].特区经济，2017(12)：80-84.

［68］杜渐，李华.发达国家制造业创新环境营造与优化 [J].竞争情报，2019，15(6)：50-57.

［69］丁帅，许强.国内外科技成果转化模式的比较与研究 [J].中国科技产业，2020(3)：78-83.

［70］田倩飞，张志强，任晓亚.科技强国基础研究投入—产出—政策分析及其启示 [J].中国科学院院刊，2019(12)：1406-1420.

［71］邢来顺.迈向强权国家：1830—1914 年德国工业化与政治发展研究 [M].武汉：华中师范大学出版社，2002.

［72］李萍，淦述荣，周子彦，张悦.高通对我国国防专利转化的启示 [N].科技日报，2015-07-01(6).

［73］莫克.高通方程式 [M].闫跃龙，等，译.北京：人民邮电出版社，2005.

［74］丁伟.高通公司的知识产权战略及对中国的启示 [J].中国科技论坛，2008(11)：57-61.

［75］朱启超，黄仲文，匡兴华.DARPA 及其项目管理方略与启示 [J].世界科技研究与发展，2002(6)：92-99.

［76］王莉，王鹏.DARPA 科技创新的管理实践与经验启示 [J].科技导报，2018，36(4)：14-16.

［77］吴集，刘书雷，刘长利.从 DARPA 看新时代国家安全科技支撑体系的完善 [J].科技导报，2018，36(4)：17-21.

［78］易比一，黄世亮，雷二庆.DARPA 引领国防科技创新之道 [J].科技导报，

2018，36(4): 33-36.

[79] 李元龙. DARPA 的创新特点及启示 [J]. 科技导报，2018，36(4): 22-25.

[80] HOLBROOK, DANIEL. Government support of the semiconductor industry: diverse approaches and information flows[J]. Business and Economic History，1995，24(2): 133-165.

[81] 赵阵. 军事需求对计算机诞生发展的促进 [J]. 自然辩证法通讯，2017(4): 93-98.

[82] SCHNEE J E，陈德顺. 政府计划对尖端技术工业发展的影响 [J]. 系统工程与电子技术，1980(3): 3-10.

[83] 拉奥，斯加鲁菲. 硅谷百年史：伟大的科技创新与创业历程 1900—2013[M]. 闫景立，侯爱华，译. 北京：人民邮电出版社，2014: 04.

[84] 李建军. 硅谷模式及其产学创新体制 [D]. 北京：中国人民大学，2000.

[85] 李永周. 美国硅谷发展与风险投资 [J]. 科技进步与对策，2000(11): 51-52.

[86] MRAZ STEPHEN. 100 years of Aircraft engines[J] Machine Design，2003. 75(18): 58-68.

[87] 倪金刚. GE 航空发动机百年史话 [M]. 北京：航空工业出版社，2015: 04.

[88] 李罗莎. 中国走向全球化：亲历开放战略与经贸政策研究 [M]. 北京：新华出版社，2018.

[89] 黄晓斌，罗海媛. 兰德公司的情报研究方法创新及其启示 [J]. 情报杂志，2019(5).

[90] Voyager88. ALZA 发展史：30 年打造百亿美元级创新制剂领域公司 [EB/OL]. (2018-03-14)[2021-01-01].

[91] 郭阳，舒本耀，万秉承. SpaceX 的崛起对我国民企参军的经验启示 [J]. 中国军转民，2018(10): 51-55.

[92] 李博. SpaceX 启动大规模试验星部署的几点分析 [J]. 国际太空，2018(6): 12-16.

[93] 联办财经研究院课题组. 企业在科技创新中发挥作用的中外比较 [J]. 中国对外贸易，2020(2): 28-29.

[94] 汪进，金廷镐. 韩国半导体产业发展的经验与启示 [J]. 中国工业经济，1996(7): 71-74.

［95］朴昌根 . 解读汉江奇迹 [M]. 上海：同济大学出版社，2012: 05.

［96］KIM S R. The Korean system of innovation and the semiconductor industry: A governance perspective1[J]. Industrial and Corporate Change，1998，7(2): 275-309.

［97］方厚政 . 日本超大规模集成电路项目的启示 [J]. 日本学刊，2006(03): 111-117.

［98］易欣 . 小国瑞士的"大说法"[J]. 群众，2017(6): 66-67.

［99］刘玲 . 以色列、俄罗斯、哈萨克斯坦科技创新能力比较及对我国的启示 [J]. 中国经贸导刊，2020(11): 24-26.

［100］陈套 . 以色列创新引领发展的政策逻辑和实践选择 [J]. 中国高校科技，2019(10): 51-54.

［101］石慧，潘云涛，赵筱媛，苏成 . 基于文献挖掘的颠覆性技术早期识别研究 [J]. 中国科技资源导刊，2019(4): 102-110.

［102］李渊 . 特斯拉开源的背后及启示 [J]. 开封教育学院学报，2015(7): 285-286.

［103］胡开博，苏建南 . 比利时微电子研究中心 30 年发展概析及其启示 [J]. 全球科技经济瞭望，2014(10): 52-62.

［104］陈凤，余江，甘泉，张越 . 国立科研机构如何牵引核心技术攻坚体系：国际经验与启示 [J]. 中国科学院院刊，2019(8): 920-925.

［105］路风 . 我国大型飞机发展战略的思考 [J]. 中国软科学，2005(4): 10-16.

［106］路风，慕玲 . 本土创新、能力发展和竞争优势——中国激光视盘播放机工业的发展及其对政府作用的政策含义 [J]. 管理世界，2003(12): 57-82.

［107］封凯栋 . 传统产业与高新技术结合应是国家创新体系的核心 [J]. 宏观经济研究，2013(2): 3-9.

［108］封凯栋 . 隐藏的发展型国家藏在哪里？——对二战后美国创新政策演进及特征的评述 [J]. 公共行政评论，2017(6): 65-85.

［109］王飞 . 发展"硬科技"，就是硬道理 [N]. 人民日报，2017-11-17(5).

［110］袁志彬 ."硬科技"是如何进入国家官司方话语体系的? [J]. 华东科技，2021(4):56-59.

致　谢

在我国建设世界科技强国和实现高质量发展的形势和背景下，"硬科技"的概念从关键核心技术创新和自主创新中独立形成，逐渐受到社会各界的关注和认可。

撰写本书是一项光荣的使命，也是一项艰难的任务。我们深知责任重大，不敢懈怠。感谢科技部给予的明确指导和有力支持，感谢中科院西安光机所、北京交通大学等机构和高校给予的大力协助。

科技部火炬中心的贾敬敦主任从编写工作启动以来，多次听取汇报、组织研究、悉心指导，并提出了许多具体的意见。火炬中心的于磊负责统筹协调、讨论确定编写思路并承担了部分研究和编写任务。火炬中心的阚川、王赫然、张艳秋、孙翔宇、张通、黎晓奇、范忠仁、郭曼，中科院西安光机所的米磊，西科控股的曹慧涛、赵瑞瑞、侯自普、杨大可，中科创星的李浩、邱兵，中国科学技术发展战略研究院的韩秋明，中国科学技术信息研究所的宋扬，北京交通大学的冯华、唐玲玲，三快在线的张海超，承担了全书的编写工作。编委会的各位成员审定了大纲，并对书稿提出了很多宝贵的修改意见。

在此，向所有为本书的编写提供支持、帮助的机构和相关人士，致以诚挚的感谢！